JN181921

The Real Moon

月の素顔

沼澤茂美　脇屋奈々代 共著

発売＝小学館
発行＝小学館クリエイティブ

はじめに

月は私たちに最も身近な天体です。多くの人が、物心がつく前に空に浮かぶ月を見て、「あれはなんだろう」と思ったに違いありません。空には、肉眼でも容易に見つけることのできる星や、惑星など数多(あまた)の天体がありますが、まぶしくて注視できない太陽を除けば、月ほど容易に探し出せる天体はほかにありません。月は人類誕生のはるか昔から空に浮かび、毎日位置と形を変えながら、人々の生活に大きくかかわってきました。

私を天文の世界に誘(いざな)ってくれたのも、その月にほかなりません。私は11歳のときに駄菓子屋で買った虫眼鏡とボール紙を使って望遠鏡を作りましたが、それを最初に向けたのが夕空に輝く半月だったと記憶しています。しかし、大きな期待を抱きながらようやく視野に入れた月の姿は惨憺たるものでした。月の大きさは十分に拡大できたものの、クレーターのひとつも見えなかったのです。17世紀の天文家ガリレオ・ガリレイが当時作った小さな望遠鏡でさえクレーターのスケッチを描くことができ、現在の小さな双眼鏡でさえもクレーターは観察できるものです。しかし、そのときの像はまったくひどいもので、まさに肉眼で見た月と解像度はまったく変わらないともいえるものでした。

ただ、それがきっかけで、月の姿を調べるべく図書館に通い出したのは幸いでした。そのうち、なぜ私の作った望遠鏡が見えなかったのかといった光学的な知識も身について、きちんとした望遠鏡で、あのときの落胆した体験にリベンジした日はそう遠くはありませんでした。

今では、スマートフォンでも月のクレーターが写る時代です。高倍率機能のついたコンパクトデジタルカメラを用いれば、驚くほど詳細な月の画像を手持ちで簡単に撮れてしまうのです。そういう意味では、現在は、月の本質がより身近になったといえるでしょう。にもかかわらず、私たちは月について、この最も身近な天体についてあまりに乏しい知識しか持ち合わせていません。中秋の名月を愛でる習慣は、はるか昔から継承されているものであり、最近になってスーパームーンなどが話題になってきましたが、それでも、その盛り上がりは常に一過性で、すぐに冷めてしまいます。

ほんの400年前までは、月には月人が住んでいて、月の暗い部分は海（地球と同様の）だと信じられていたのです。そして、望遠鏡が初めて向けられて、その凸凹した表面が明らかになったのは1609年のことです。1957年、スプートニクの成功によって人類は宇宙時代に突入、月探査が開始され、1969年には人類が初めて月に第一歩を印しました。アポロ計画によって持ち帰った月の石によって、月の情報は飛躍的に増え、それは月と地球の成因の謎をも明らかにすることとなりました。

月の存在は、地球の身近な衛星というだけでなく、地球が現在の地球でいられるためになくてはならない存在であることや、生命誕生にも深いかかわりをもつことがわかってきました。また、今日までに行われた、あるいは行われつつある最新の月面探査によって、月がはるか昔に地質活動を停止して冷え切った天体ではなく、つい最近まで火山活動を行っていたことや、現在も活動しつつある生きた天体であることもわかってきました。

本書は、その月についてさまざまな角度から紹介することによって、月のもつ深淵で多彩な魅力を発見しようと企画されたものです。空に浮かぶその姿を愛でることから、望遠鏡で見ることができる月の魅力、そして探査機による驚くべき月面の実態について、多くの発見がもたらされることを期待いたします。

2016年7月16日
日本プラネタリウムラボラトリー
沼澤茂美

目次

第3章 月世界

第4章 月を知る

CREDIT

ページ	画像内容	クレジット
11	ハーフドームと月 Moon and Half Dome	Collection Center for Creative Photography, University of Arizona © 2015 The Ansel Adams Publishing Rights Trust
13	ヘルナンデスの月の出 Moonrise, Hernandez	Collection Center for Creative Photography, University of Arizona © 2015 The Ansel Adams Publishing Rights Trust
15	オータムズムーン Moonrise from Glacier Point	Collection Center for Creative Photography, University of Arizona © 2015 The Ansel Adams Publishing Rights Trust
16–17	月夜のハサ木	Shigemi Numazawa
18	宵の月	Shigemi Numazawa
19	地球照	Shigemi Numazawa
20–21	西に沈む月と星	Shigemi Numazawa
22–23	秋の月夜	Shigemi Numazawa
24	白鳥を照らす光輪	Shigemi Numazawa
25	霧の月夜	Shigemi Numazawa
26	月の出	Shigemi Numazawa
27	中秋の名月	Shigemi Numazawa
28	スーパームーン	Shigemi Numazawa
29	ミラクルムーンの日	Shigemi Numazawa
30	東天に輝く月	Shigemi Numazawa
31	昼の月	Shigemi Numazawa
32	月の出　デスバレー	Shigemi Numazawa
33	朝の月	Shigemi Numazawa
34	珊瑚海に沈む月	Shigemi Numazawa
35	月への階段	Shigemi Numazawa
37	皆既月食の色彩	Shigemi Numazawa
	月の満ち欠けと皆既月食	Shigemi Numazawa
38	皆既月食の進行	Shigemi Numazawa
39	皆既月食時の星空	Shigemi Numazawa
40	半影月食	Shigemi Numazawa
41	満月と月食	Shigemi Numazawa
42–43	モニュメントバレーの金環日食	Shigemi Numazawa
44	日没前の金環日食	Shigemi Numazawa
45	インドネシアの皆既日食	Shigemi Numazawa
46–47	コロナと月	Shigemi Numazawa
49	月から遠ざかるスピカ	Shigemi Numazawa
50	スマイル	Shigemi Numazawa
51	すばる食	Shigemi Numazawa
52	月と火星の接近	Shigemi Numazawa
53	月と金星の接近	P.K.Chen
54	金星食	Shigemi Numazawa
55	木星食	Shigemi Numazawa
56	土星食	Shigemi Numazawa
57	スピカ食	Shigemi Numazawa
58	蛍舞う宵の空	Shigemi Numazawa
59	夕暮れの舞	Shigemi Numazawa
62	月の軌道と満ち欠け	Shigemi Numazawa
63	月齢と月の位相	Shigemi Numazawa
64	月齢と月の位置	Shigemi Numazawa
65	秤動による見え方の変化　東	Shigemi Numazawa
	秤動による見え方の変化　西	Shigemi Numazawa
	秤動による見え方の変化　南北	Shigemi Numazawa
66–67	月面図	NASA/GSFC/Arizona State University NASA/Goddard/Arizona State University
68	月齢2の月	Shigemi Numazawa
	月齢1〜3の月	Shigemi Numazawa
69	月　ベロッサス付近	NASA/GSFC/Arizona State University
	月　コンドルセ付近	NASA/GSFC/Arizona State University
	ラペイルーズ付近	NASA/GSFC/Arizona State University
	フンボルト・クレーター	NASA/GSFC/Arizona State University
70	月齢4の月	Shigemi Numazawa
	月齢2〜5の月	Shigemi Numazawa
71	エンデュミオン付近	NASA/GSFC/Arizona State University
	危難の海付近	NASA/GSFC/Arizona State University
	ラングレヌス	NASA/GSFC/Arizona State University
	ペタビウス	NASA/GSFC/Arizona State University
72	月齢5の月	Shigemi Numazawa
	月齢4〜6の月	Shigemi Numazawa
73	ヘラクレス付近	NASA/GSFC/Arizona State University
	マクロビウス付近	NASA/GSFC/Arizona State University
	フラカストリウス付近	NASA/GSFC/Arizona State University
	ジャンセン付近	NASA/GSFC/Arizona State University
74	月齢7の月	Shigemi Numazawa
	月齢6〜8の月	Shigemi Numazawa
75	アリストテレス付近	NASA/GSFC/Arizona State University
	ヒギヌス谷付近	NASA/GSFC/Arizona State University
	キリルス付近	NASA/GSFC/Arizona State University
	マウロリクス付近	NASA/GSFC/Arizona State University
76	月齢9の月	Shigemi Numazawa
	月齢8〜10の月	Shigemi Numazawa
77	プラトー付近	NASA/GSFC/Arizona State University
	アペニン山脈	NASA/GSFC/Arizona State University
	プトレメウス付近	NASA/GSFC/Arizona State University
	ティコ付近	NASA/GSFC/Arizona State University
78	月齢11の月	Shigemi Numazawa
	月齢10〜12の月	Shigemi Numazawa
79	虹の入り江付近	NASA/GSFC/Arizona State University
	コペルニクス付近	NASA/GSFC/Arizona State University
	ヒッパルス渓谷付近	NASA/GSFC/Arizona State University
80	月齢13の月	Shigemi Numazawa
	月齢12〜14の月	Shigemi Numazawa
81	アリスタルコス付近	NASA/GSFC/Arizona State University
	ヘベリウス付近	NASA/GSFC/Arizona State University
	シッカルド付近	NASA/GSFC/Arizona State University
	ガッサンディー付近	NASA/GSFC/Arizona State University
82–83	月齢15の月	Shigemi Numazawa
	月齢14〜16の月	Shigemi Numazawa
84	月齢17の月	Shigemi Numazawa
	月齢16〜18の月	Shigemi Numazawa
85	コーカサス山脈	NASA/Goddard/Arizona State University
	ポシドニウス	NASA/Goddard/Arizona State University
	神酒の海付近	NASA/Goddard/Arizona State University
	ツァッハ付近	NASA/Goddard/Arizona State University
86	月齢20の月	Shigemi Numazawa
	月齢19〜21の月	Shigemi Numazawa
87	アルプス谷	NASA/Goddard/Arizona State University
	メネラオス付近	NASA/Goddard/Arizona State University
	トリスネッカー付近	NASA/Goddard/Arizona State University
	アルタイ断層	NASA/Goddard/Arizona State University
88	月齢22の月	Shigemi Numazawa
	月齢21〜23の月	Shigemi Numazawa
89	アルキメデス付近	NASA/Goddard/Arizona State University
	デーヴィ付近	NASA/Goddard/Arizona State University
	直線の壁付近	NASA/Goddard/Arizona State University
	ピタトス付近	NASA/Goddard/Arizona State University
90	月齢24の月	Shigemi Numazawa
	月齢23〜25の月	Shigemi Numazawa
91	シャープ谷付近	NASA/Goddard/Arizona State University
	T・マイヤー付近	NASA/Goddard/Arizona State University
	ケプラー付近	NASA/Goddard/Arizona State University
	シラー付近	NASA/Goddard/Arizona State University
92	月齢26の月	Shigemi Numazawa
	月齢25〜27の月	Shigemi Numazawa
93	プリンツ付近	NASA/Goddard/Arizona State University
	グリマルディ付近	NASA/Goddard/Arizona State University
	カバレリウス付近	NASA/Goddard/Arizona State University
	バイイ付近	NASA/Goddard/Arizona State University
94	月齢28の月	Shigemi Numazawa
	月齢27〜29の月	Shigemi Numazawa
95	ピタゴラス付近	NASA/Goddard/Arizona State University
	シルサリス付近	NASA/Goddard/Arizona State University
	ビュルギウス付近	NASA/Goddard/Arizona State University
	フォキリデス付近	NASA/Goddard/Arizona State University
98–99	月の自転と経度	Shigemi Numazawa
99	月面座標	NASA/GSFC/Arizona State University
100	中央経度0°	NASA/Goddard/Arizona State University
101	中央経度60°	NASA/Goddard/Arizona State University
102	中央経度120°	NASA/Goddard/Arizona State University
103	中央経度180°	NASA/Goddard/Arizona State University
104	中央経度240°	NASA/Goddard/Arizona State University
105	中央経度300°	NASA/Goddard/Arizona State University
106	北極地方	NASA/GSFC/Arizona State University
107	南極地方	NASA/GSFC/Arizona State University
108	月面の高さ・表	NASA/GSFC/Arizona State University
109	月面の高さ・裏	NASA/GSFC/Arizona State University
111	地球の出	NASA/Goddard/Arizona State University
112	コペルニクス	NASA/Goddard/Arizona State University
113	コペルニクスの中央丘陵群	NASA/GSFC/Arizona State University
114	アリスタルコス台地	NASA/GSFC/Arizona State University
115	アリスタルコス俯瞰	NASA/GSFC/Arizona State University
116	ティコ	NASA/GSFC/Arizona State University

117	ティコ中央の溶けた火口床	NASA/GSFC/Arizona State University
118–119	ティコの中央山塊	NASA/GSFC/Arizona State University
120	ヒギヌス谷の全容	NASA/GSFC/Arizona State University
121	ヒギヌス谷の中央部	NASA/GSFC/Arizona State University
122	虹の入り江の全容	NASA/GSFC/Arizona State University
123	ラプラスAクレーター	NASA/GSFC/Arizona State University
124–125	東の海の偉観	NASA/GSFC/Arizona State University
126	東の海の南部	NASA/GSFC/Arizona State University
127	東の海の地溝帯	NASA/GSFC/Arizona State University
128–129	ジョルダーノ・ブルーノ	NASA/GSFC/Arizona State University
130	とがった縁	NASA/GSFC/Arizona State University
131	溶けた中央部のようす	NASA/GSFC/Arizona State University
132–133	ハイン・クレーター	NASA/GSFC/Arizona State University
134–135	月のグレートウォール	NASA/GSFC/Arizona State University
136–137	美しいレイ構造	NASA/GSFC/Arizona State University
138	黒い二次クレーター	NASA/GSFC/Arizona State University
139	クレーター縁の石塊	NASA/GSFC/Arizona State University
140–141	マスケリンBクレーター	NASA/GSFC/Arizona State University
142–143	ムーアFの断崖	NASA/GSFC/Arizona State University
144	溶けた中央丘	NASA/GSFC/Arizona State University
145	ジャクソン・クレーターの低床部	NASA/GSFC/Arizona State University
146–147	リヒテンベルグB	NASA/GSFC/Arizona State University
148	ピュティアス壁面の地滑り	NASA/GSFC/Arizona State University
149	マスケリン付近の地形	NASA/GSFC/Arizona State University
	溶解した表面	NASA/GSFC/Arizona State University
	月面の溶岩洞穴	NASA/GSFC/Arizona State University
150–151	陥没した地形と火山活動	NASA/GSFC/Arizona State University
152	ツィオルコフスキーの全容	NASA/GSFC/Arizona State University
153	明るい中央丘	NASA/GSFC/Arizona State University
154	アポロ計画	NASA, Dave Scott
155	アポロ11号	NASA/GSFC/Arizona State University
	アポロ12号	NASA/GSFC/Arizona State University
	アポロ14号	NASA/GSFC/Arizona State University
	アポロ15号	NASA/GSFC/Arizona State University
	アポロ16号	NASA/GSFC/Arizona State University
	アポロ17号	NASA/GSFC/Arizona State University
156	アポロ10号とマリリン	NASA
	マリリン	NASA/GSFC/Arizona State University
157	ハドリー裂溝とハドリー山	NASA/GSFC/Arizona State University
158–159	アポロ15号着陸地点	NASA/GSFC/Arizona State University
162	地球平面説	
	昔の宇宙観	
	さそり座を運行する月	
163	ガリレオ	
	ガリレオの望遠鏡	INS/アトラス・フォト・バンク
	ガリレオの月面スケッチ	
	秤動を描いた初めての月面図	
	月世界旅行	
164	ルナ3号が撮影した月の裏側	MAS/NASA
	ルナ3号を描いた切手	
	月面有人探査の成功	NASA
	レーザー反射板	NASA
165	サーベイヤー探査機との再会	NASA, Alan L. Bean
	月の表面	NASA
	月面パノラマ	NASA
	月面を写したカメラ	NASA
	旧ソ連の無人月面探査車	Atlas Photo Bank
	ルノホート	Petar Milošević 撮影
166	ガリレオ探査機が捉えた月	NASA/JPL/USGS
	ルナー・リコネサンス・オービター	NASA/GSFC
	天然の橋	NASA/GSFC/Arizona State University
	極地方に計画された月面基地	Shigemi Numazawa
167	アポロ11号の着陸地点	NASA/GSFC/Arizona State University
168	太陽系の誕生と月の形成	Shigemi Numazawa
	太陽系の誕生と月の形成1	Shigemi Numazawa
169	太陽系の誕生と月の形成2	Shigemi Numazawa
	太陽系の誕生と月の形成3	Shigemi Numazawa
	太陽系の誕生と月の形成4	Shigemi Numazawa
	太陽系の誕生と月の形成5	Shigemi Numazawa
	近かった月	Shigemi Numazawa
170	40億年前の隕石爆撃期	Shigemi Numazawa
	月の海の形成	Shigemi Numazawa
171	月と地球の正しい比率	Shigemi Numazawa
172	TLPの目撃場所(月画像)	NASA/GSFC/Arizona State University
173	TLPの観測頻度(月画像)	NASA/GSFC/Arizona State University
	宇宙飛行士の目撃	NASA
	アリスタルコス1	NASA/Goddard Space Flight Center Scientific Visualization Studio Additional credit to Zoltan G. Levay (STScI)
	アリスタルコス2	NASA
174	月の軌道と満ち欠け	Shigemi Numazawa
	月の公転軌道の傾き	Shigemi Numazawa
175	共通重心	Shigemi Numazawa
	月と地球の動き	Shigemi Numazawa
176	楕円軌道と月の遠近	Shigemi Numazawa
	月の軌道と自転の傾き	Shigemi Numazawa
177	経度の秤動	Shigemi Numazawa
	緯度の秤動	Shigemi Numazawa
	日周運動による秤動1	Shigemi Numazawa
	日周運動による秤動2	Shigemi Numazawa
178	すばる付近の月の軌道変化	Shigemi Numazawa
179	金環日食の状況	Shigemi Numazawa
	皆既日食の状況	Shigemi Numazawa
	皆既月食の状況	Shigemi Numazawa
180–181	日食図の起きる場所	Shigemi Numazawa
182	サロス周期と日食帯	Shigemi Numazawa
	日食月食の条件	Shigemi Numazawa
	月の交点周期とサロス	Shigemi Numazawa
183	潮汐力	Shigemi Numazawa
	大潮と小潮	Shigemi Numazawa
	遠ざかる月	Shigemi Numazawa
184	双眼鏡で観る月	Shigemi Numazawa
	ベストな双眼鏡1	Shigemi Numazawa
	ベストな双眼鏡2	Shigemi Numazawa
185	屈折望遠鏡と反射望遠鏡	Shigemi Numazawa
	望遠鏡のしくみ	Shigemi Numazawa
	ドブソニアン式	Shigemi Numazawa
	反射屈折式	Shigemi Numazawa
186	接眼レンズと天頂プリズム	Shigemi Numazawa
	望遠鏡のタイプと分解能	Shigemi Numazawa
	シーイングと見え方	Shigemi Numazawa
187	スケッチ	Shigemi Numazawa
	簡単な撮影法	Shigemi Numazawa
	いろいろなカメラ	Shigemi Numazawa
	ビデオ映像の利用	Shigemi Numazawa

第1章
Chapter One

月の光
Moon Light

日本には「月を愛でる」という言葉があります。月を観て、月の光の美しさを味わうという意味です。我が国では、平安時代の昔から、一説にはさらに古く縄文時代から、こうした月を愛でる風習があったとされています。

私たちが見上げる月は、四季折々の風景とともにさまざまな情景を生み出し、見る人の心を喚起して、詩や歌、絵画、写真と、さまざまな芸術作品を生み出してきました。

本章では、アメリカの著名な写真家アンセル・アダムスの代表的作品を冒頭に配し、月のある風景の与える恩恵のすばらしさに触れ、また、日食や月食、月と天体の接近などによって引き起こされる劇的な現象の数々を紹介します。

アンセル・アダムスの月

Ansel Adams' Moon

アンセル・アダムスは、アメリカを代表する風景写真家です。生涯のほとんどをヨセミテ公園で過ごし、アメリカ西部の大自然の写真作品がよく知られています。8×10サイズのビューカメラ（フィルムの大きさが20センチ×25センチの大判カメラ）と三脚をステーションワゴンに積み込んで、彼はアメリカ中の国立公園を撮影し、その作品と言葉で自然保護活動に尽力したことでも知られています。

卓越したモノクロ写真技術と、隅々にわたって精緻な画像を追い求める撮影技法と姿勢は、彼が持つ大自然への崇敬の念を見るものに確実に伝えているといえるでしょう。

特に月を配したいくつかの作品は人々の心をとらえて離しません。悠久の時を刻みながら、自然の中で月がどのように人の心に影響を及ぼしてきたかを、アンセル・アダムスの写真から明確に感じ取ることができます。

ハーフドームと月

Moon and Half Dome

ヨセミテ渓谷の象徴的な存在といえるハーフドームと、そこにかかる月を撮影したものです。夕日を受けて輝くハーフドームの硬質なテクスチャーと、それ越しに見る丸い月の柔らかさが印象的です。撮影日時は記録されていませんが、月の位置などから、1960年12月28日、午後4時5分頃の撮影ではないかと推測されます。

Photograph by Ansel Adams

ヘルナンデスの月の出

Moonrise, Hernandez

本来のタイトルは「月の出」ですが、「ヘルナンデスの月の出」として知られている写真です。アンセル・アダムスの作品のなかで最もよく知られる写真の1つで、後の調査によって1941年10月31日午後4時5分撮影と決定されました。サンタ・フェの北にあるチェンバレーからサンタ・フェに戻るとちゅうでこの景色に遭遇し、彼は「まさに神の予言によって本懐を達成できた」と記しています。

Photograph by Ansel Adams

オータムズムーン

Autumn Moon, from Glacier Point

1948年9月15日午後7時3分、ヨセミテ国立公園のグレイシャー・ポイントから見た月の出です。このときの月齢は13、右に見えるピークは標高2771mのスター・キング山です。
この写真が撮影された9月15日に、同じ位置に月がくる日が19年ごとに巡ってきます。過去には1967年と1986年、2005年がその年にあたり、多くの写真ファンでこの撮影地が賑わいました。次回は2024年9月15日にそのチャンスが訪れます。

Photograph by Ansel Adams

月を愛でる

Watching the Moon

　月に人類が足跡を印し、そこが真空で色彩のないニュートラルグレーの世界だとわかっていても、私たちは昔の人々となんら変わらない月とのつきあいを続けています。毎日位置を変えながら満ち欠けを繰り返す月には、それぞれの形によって、あるいは、季節の変化に合わせてさまざまな名前がつけられています。同じ満月でも、中秋の名月の頃の満月やスーパームーンと呼ばれる満月では、まったく異なる印象があるものです。
「月を愛でる」。それは、私たちが自然や宇宙の中でどう存在しているかを感じるひと時だといえるでしょう。視覚だけでなく、五感を通して感じる一期一会の感動が、私たちを時空の彼方へと誘ってくれます。

月夜のハサ木

Hasa Tree on a Moonlit Night

ハサ木は、刈り取った稲を天日で乾燥させるために植えられた樹木のことですが、今日ではその多くが消失してしまいました。ここ新潟市の夏井という地区には住民の方々によって約700本のハサ木が保存されています。かつてはどこでも見られたであろう月夜の原風景を、ここでは体験することができます。

地球照

Earthshine

月が細い頃は、月の明るい側の反対側、つまり月の夜の側もぼんやりと淡く輝いているようすがわかります。これは「地球照」と呼ばれる現象で、地球に反射した太陽光で輝いているものです。月から見る地球は、地球から見る月の約5倍の直径があり、とても明るい光源として月の夜の部分を照らします。この画像の月齢は3です。

宵の月

Evening Moon

2013年の暮れ、カリフォルニアの砂漠地帯で撮影した宵の空です。空に浮かぶ月は月齢4、その左下に輝く明るい星が金星です。北緯35度付近では、月齢4の月は日没後約30分程度かなり高い位置に輝き、美しい空の色と共演します。月の暗い側がほんのり明るく見える「地球照」も美しく見える時期です。

西に沈む月と星

The Trajectory of the Moon and Stars

宵の空に輝く月と金星、そしてその周りの星々の約3時間の軌跡です。東京あたりの緯度（北緯35°）の地域では、日没後1時間ほどで星が見え始め、1時間半で暗夜になります。その間の空のようす、特に色彩は大きく変化しますが、月齢2～4の月は夕焼けの変化の中に印象的な情景をつくり出します。

秋の月夜

Autumn Moonlight

秋は乾燥した空気に覆われ、透明度の高いクリアーな夜空が望めます。このようなときは、月明かりがあっても星がよく見え、空がとても美しく感じます。この写真は9月14日午前0時に撮影しました。月齢は20で、月の左には、星が小さく集まったように見える「すばる」が輝いています。

霧の月夜

Foggy Moonlit Night

霧は、大気中の水分が飽和状態になって生じる現象で、地表に接した雲ともいえます。霧の濃さの程度はさまざまですが、低空が濃く、見上げると月や星が見えるときは、地上の遠景が空と一体となり、複雑な近景も単純化されて、とても幻想的です。

白鳥を照らす光輪

The Moon's Halo which shines on Swans

透き通るようなうす雲（絹層雲）に覆われたときなど、月の周りには巨大な環が見えることがあります。これは「月暈（げつうん）」とよばれるハロ現象の1つで、上層に浮かぶ六角柱の氷層に月の光が屈折されて生じます。大円の半径は22度と決まっており、太陽の周りにできる暈（かさ）も同じです。

月の出

Moonrise

9月の満月の1日前の月の出です。満月のときは日没と月の出がほぼ同時なので、月がある程度昇ると周りが暗くなり、地上のディテールを失います。1日前の月は、この高さでもまだ日は残っており、丸い月の陰影と地上風景の両方をバランスよく描写できるという点で、絶妙のシャッターチャンスを与えてくれます。

中秋の名月

The Harvest Moon

中秋の名月は旧暦（天保暦）の8月15日にあたります。旧暦では7月から9月が秋に区分されるため、その真ん中という意味で中秋といわれます。今の暦は旧暦と約1か月の誤差があるため、中秋の名月は9月が多いのですが、旧暦に閏月が入ったときなどは、10月にずれることもあります。また、中秋の名月は満月から1～2日ずれることがあります。

スーパームーン

Supermoon

月は地球の周りの楕円軌道を公転していますが、いちばん近い地点（近地点）を通過するとき（ある一定の範囲内）に満月か新月であれば、そのときの月を「スーパームーン」と呼んでいます。新月は月が見えないため、一般には満月のスーパームーンが話題になります。これらの条件を満たせば、スーパームーンは年に複数回起きます。また、最も遠い「遠地点」で満月か新月になるときが「マイクロムーンあるいはミニマムムーン」です。

ミラクルムーンの日

Day of the Miracle Moon

旧暦を使用していた頃は、太陽の暦と月の暦の誤差をなくすため、だいたい3年に1度、ひと月を加え閏月を設けました。何月を2回にするかはとても複雑な決め方で決まりますが、2014年は旧暦の9月が2回あり、「閏9月」が加わりました。旧暦の9月13日は8月15日の「中秋の名月」と対で愛でる、いわゆる「十三夜」。その十三夜が「閏9月」のおかげで2回あったわけです。これは171年ぶりのできごとでした（2014年11月5日撮影）。

東天に輝く月

Spring Moonrise

5月末の夕方、月齢12の月が東南東の空に昇ったところを赤外光で捉えたものです。まだ明るい時間の月は、青空の中で目立ちませんが、赤色〜赤外線で撮影すると、背景が暗くなり、コントラストが増して見えます。また、植物は赤外光を発するため、雪が積もったように明るく写ります。

昼の月

The Moon on Daytime

春の天気は花曇りといわれるように、靄のかかったような透明度の低い日が多いのですが、ごく稀にとてもクリアーで、遠くの景色がはっきり見える日があります。そのような日は桜の花を見上げていると、真っ青な空の中にはっきりした昼の月を見つけることがあります。

朝の月

The Early-Morning Moon

日本で撮影した月齢28の早朝の月です。左の写真が日の出45分前に撮影したのに対して、これは日の出30分前に撮影しており、空がだいぶ明るくなっているようすがわかります。このような細い月は、日の出前のごく短い時間帯にしか見ることができません。

デスバレーに昇る月

Moonrise on Death Valley

カリフォルニアの乾燥地帯、デスバレーの東天に昇る月齢28の月です。山の端から月の影の部分、つまり地球照の部分から昇ってきます。乾燥して澄み切った大気の条件では、地球照の部分がまるで太陽の光を受けて輝いているように明るく見えます。

珊瑚海に沈む月

The Moon which is setting
in the Coral Sea

オーストラリアとパプアニューギニアの間に広がる珊瑚海に、月齢6の月が沈もうとしているところです。パプアニューギニアの首都ポートモレスビー付近の小島で撮影したもので、月の左にはさそり座の尾の星、上にはいて座の星が輝いています。

月への階段

Staircase to the Moon

西オーストラリアの北の小さな町ブルームで見られる「月への階段」という現象です。満月前後の月の出の直後に、水面に映った光の筋がバーコード状に輝き、まるで月にかかる階段のように見えるのです。それは、ブルームの東に広がるローバック湾の特異な海底地形がつくり出す神秘的な現象です。

月食と日食

Lunar and Solar Eclipse

　月食と日食は、月と太陽そして地球がつくり出す印象深い現象です。
「月食」は、太陽—地球—月が一直線に並び、太陽の光を遮った地球の影の中を月が通過することによって起こります。地球の影には、太陽の光がほぼ完全に遮断された濃い影の「本影」と、太陽の光の一部が入りこんでくる薄い影の「半影」があります。月が地球の半影に入ると「半影月食」となり、月の一部が本影に入った状態を「部分月食」、本影に完全に入った状態を「皆既月食」と呼びます。
　一方「日食」は、太陽—月—地球が一直線に並び、月が太陽を覆い隠すことによって起こります。月が太陽を部分的に覆い隠す場合は「部分日食」、太陽が月の周囲にはみ出してリングのように輝く場合を「金環日食」、太陽が月に完全に覆い隠される場合を「皆既日食」と呼びます。

月の満ち欠けと皆既月食

Waxes and Wanes of the Moon and a Total Lunar Eclipse

上の段は月の満ち欠けで、左から右へ約30日かかって形が変わっていくようす（p63）です。下の段は皆既月食時の月の形の変化で、時間とともに左から右へと変わります。月の満ち欠けでは欠けている縁の曲率が変化していますが、月食では変わりません。

皆既月食の色彩

Color of the Total Lunar Eclipse

月が地球の本影に入っても月は真っ黒になるのではなく、やや赤みを帯びて輝きます。これは、太陽の光が地球の大気によって屈折し、影の部分に回りこんで月を照らすからです。火山の噴火などによる地球大気の状態の影響を受けて、色調や明度は毎回同じではありません。また、この画像の左部分は赤ではなく、青みを帯びています。これは近年注目されている現象で「ターコイズフリンジ」と呼ばれます。地球大気のオゾン層の影響を反映していると考えられています。

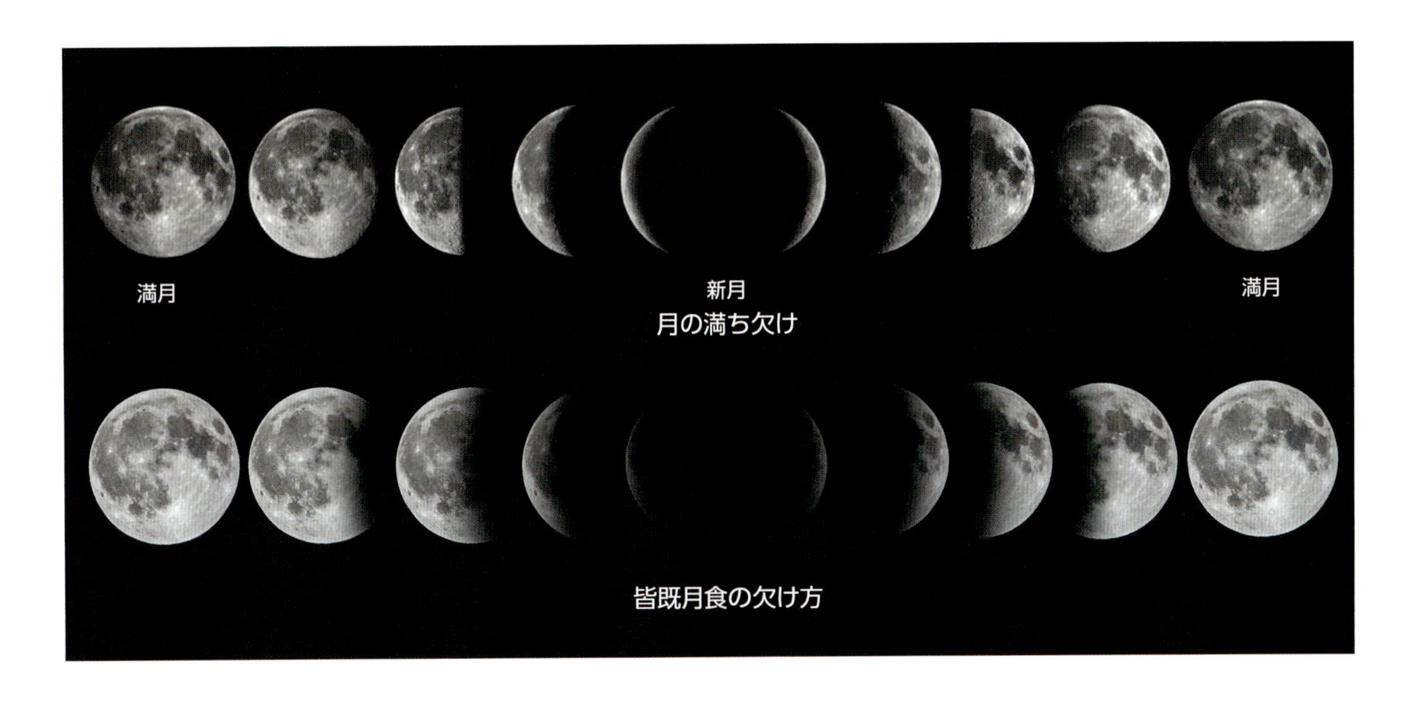

皆既月食時の星空

Starry Sky in a Total Lunar Eclipse

皆既月食時には、月の明るさがそれまでの1万分の1ほどになります。通常は満月の明るい光にかき消されて見ることができない星空が姿を現し、このときばかりは満月と星空の饗宴を堪能できます。

皆既月食の進行

Progressing of a Total Lunar Eclipse

これは2014年10月8日に撮影した皆既月食のようすです。30分おきに撮影したものを合成しました。月食は時間とともに左下から右上へと進行していきました。皆既月食中の月の縁が青くなり、注目のターコイズフリンジがきれいに捉えられています。

半影月食

Penumbral Eclipse

地球の薄い影である半影の一部を月が横切った半影月食のようすです。時間とともに、左下から右上へ月食が進みました。月の左上部分がいったん少し暗くなり、また元に戻っています。半影への入りこみ方が小さいと、肉眼では半影月食が起きていることに気づかないことがあります。双眼鏡で見たり、写真撮影をしたりすると、半影のようすがよくわかります。

満月と月食

Full Moon and Eclipse

満月は太陽の光がほぼ正面から当たっていますが、完全に正面ではなく、欠け際のクレーターには影ができ、地形の凹凸がわかります（矢印）。しかし、皆既月食の前後の月は太陽光を完全に正面から受けているため、欠け際には影ができず、クレーターの凹凸がわかりません。

ふだんの満月

月食時の満月

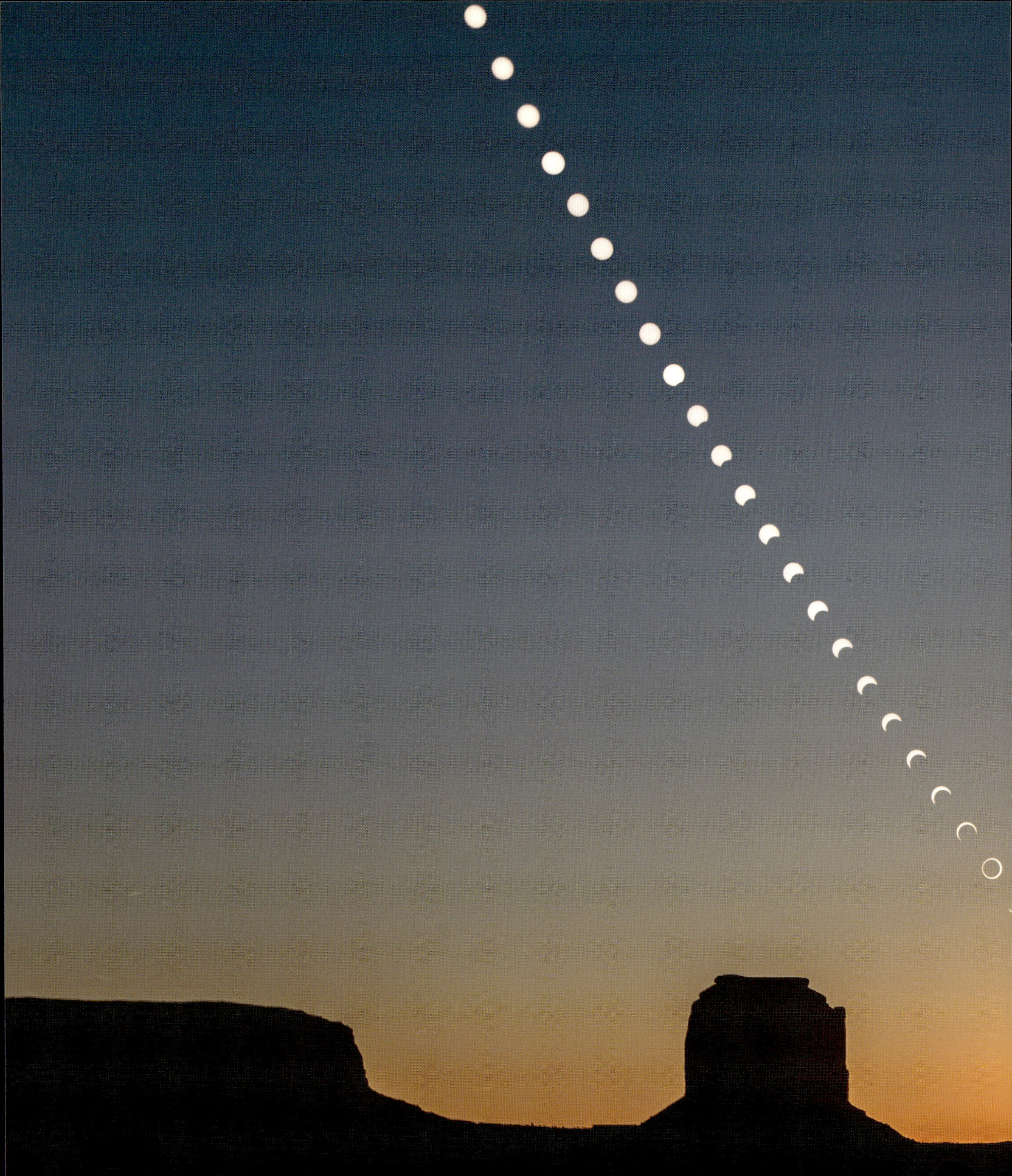

モニュメントバレーの金環日食

Annular Solar Eclipse at Monument Valley

2012年5月21日朝、日本の広い地域で金環日食が見られ、たくさんの人が珍しい天文イベントに酔いしれました。この後、金環日食の見える範囲は北太平洋を横断してアメリカに移動していきました。アメリカのアリゾナ州モニュメントバレーでは、夕方、西の地平線に近づくにつれて次第に欠けていった太陽が、地平線に近いところで金環となって輝き、その後は丸い太陽に戻ることなく荒野の地平線へと沈んでいきました。

日没前の金環日食

Annular Solar Eclipse before Sunset

2010年1月15日、中国青島(チンタオ)で起きた金環日食のようすです。夕方、西の地平線近い低空で起きたため、大気の影響で太陽も月も真円ではなく楕円形に形がゆがめられています。また、金環の下の縁がぎざぎざになっていますし、薄い雲が金環に微妙な模様をつくり出しました。雲の存在は、時として非常に印象的な情景をつくりあげます。

インドネシアの皆既日食

Total Solar Eclipse at Indonesia

2016年3月9日、インドネシアでは朝の早い時間に皆既日食が起こりました。春分に近い時期、ほぼ赤道上に位置するスラウェシ島の小都市パルでは、太陽がほぼ真東の地平線から垂直に空へ昇りながら欠けていき、皆既日食となりました。黒い太陽のまわりをコロナの光が包んでいます。

コロナと月

Corona and Earthshine

2016年3月9日、インドネシアのパル郊外で撮影した皆既日食です。月が太陽をほぼ完全に覆い隠すと、黒い太陽の周囲には真珠色のベールのような美しいコロナが姿を現します。コロナは太陽に近い部分は濃く明るく、外側にいくにつれて淡くなり、背景の空に溶けこみます。その中には、放射状に広がる筋模様「ストリーマー」が見られます。月には太陽光は当たっていませんが、地球で反射された光が届き、模様が淡く浮かびあがっています（地球照）。

月と天体の接近・食

Encounter and Occultation of the Moon

月は惑星や恒星を隠すこともあります。惑星を隠す現象を「惑星食」と呼び、恒星を隠す現象は「恒星食(星食)」とか「掩蔽(えんぺい)」と呼びます。肉眼で見ていて、突然明るい惑星や星の光が消えたり、また輝きだしたりするようすは神秘的です。さらに望遠鏡で観察すると、凹凸のある月の縁に特徴的な惑星の姿が徐々に隠れていったり、徐々に出てきたりするようすが観察でき、興味深いものがあります。

これらは珍しい現象で、たびたび起こるものではありませんが、年に何回か起こる印象的な現象もあります。それが月と惑星や明るい星の接近です。月と明るい惑星や星が並んで輝いたり、明るい惑星や恒星どうしが2つ、3つと接近して輝いたりする様は、夜空でとても目を引きます。

月と金星

Moon and Venus

1994年11月30日未明、群馬県前橋市米野では、おとめ座の1等星スピカが月の縁すれすれを通過するスリリングな現象が見られました（p57）が、これはその後の東の空のようすです。朝焼けで空が赤く染まる頃、月は金星と並んで輝いていました。金星はマイナス4.6等級と明るく、朝の光でほかの星がかき消された後もなお、空に輝いて見えていました。

すばる食

Occultation of the Pleiades by the Moon

1990年3月30日、月齢4の月がすばる（プレヤデス星団）内を通過し、次々に星を隠す「すばる食」が起きました。月の周囲に見えているのは星団の星々です。すばる食は約18年ごとに数年間にわたって見られます。次回は、2024年にシーズンが始まります。

スマイル

Smile

2008年12月1日、木星（右上）、金星（左下）、三日月が接近して輝くようすです。その光景がスマイル・マークに似ているということで話題となりました。金星は太陽、月に次いで明るい天体で、最も暗いときでマイナス3.8等級、最も明るいときにはマイナス4.9等級にもなります。木星は金星に次いで明るい天体で、最も暗いときでマイナス1.6等級、最も明るいときにはマイナス2.9等級になります。この2つの惑星が接近して輝き、そこに三日月が加わるとなると、否が応でも人の目を引き、話題になります。

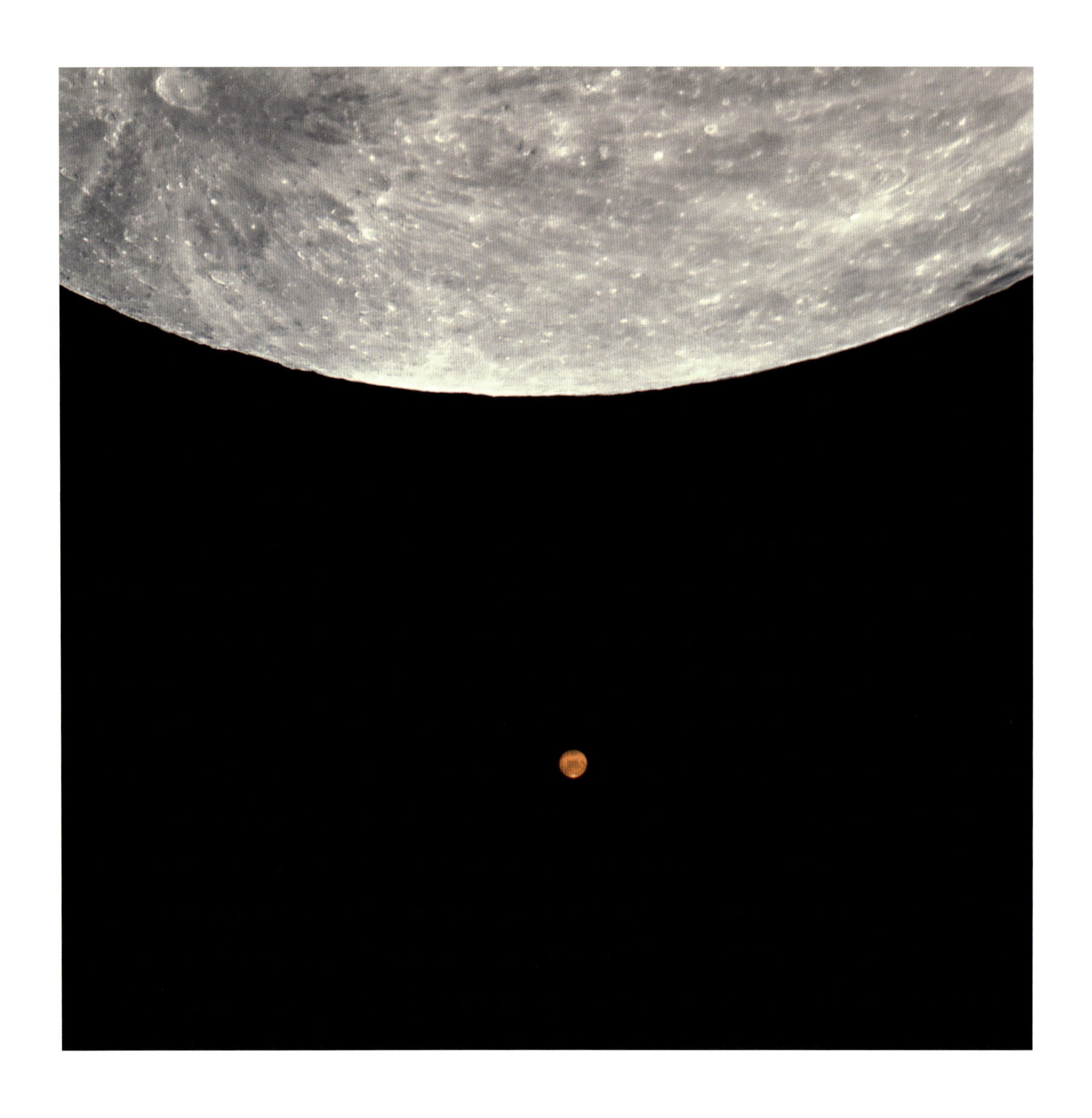

月と火星の接近

Mars Approaches to the Moon

火星は約15年に1度地球に大接近しますが、2003年、火星は300年に1度となる大接近をしました。8月27日に地球に最接近した火星が、9月9日の満月直前の丸い月に大接近しました。真っ赤に明るく輝く火星と月の共演は、印象深い光景をつくり出しました。

月と金星の接近

Venus Approaches to the Moon

明け方の細い月に接近して輝く金星です。金星は明るいため、金星と月の接近はとても目立ちます。月の輝いていない部分がぼんやりと薄明るく見えていますが、これは「地球照」です。太陽の光を地球が反射して月を照らしているものです。双眼鏡や望遠鏡を使うと容易に見ることができます。

金星食

Occultation of Venus by the Moon

2012年8月14日の明け方、薄雲の中で撮影した金星食です。望遠鏡で拡大撮影しているため、月の明るい縁に半月状の金星が隠されようとしている姿がはっきり捉えられています。金星も月のように満ち欠けして見える惑星で、望遠鏡を使うと形の変化と大きさの変化を捉えることができます。周りの縞のような模様は、雲の濃淡が見えているものです。

木星食

Occultation of Jupiter by the Moon

2001年8月16日未明に起きた木星食のようすです。明るい点が木星で、上は木星が月の背後に隠される直前、下はその約1時間後に木星が月の背後から出現した直後のようすです。木星のそばに見える小さな光は、木星の衛星です。

白昼の土星食

Occultation of Saturn by the Moon

2014年9月28日の正午過ぎ、土星が月の背後に隠され、約1時間後、月の背後から姿を現す現象が見られました。白昼の空で起きた現象で、太陽の光が明るく、そのうえ雲がかかっていたため肉眼では観測できず、望遠鏡を使ってやっとその姿を捉えました。

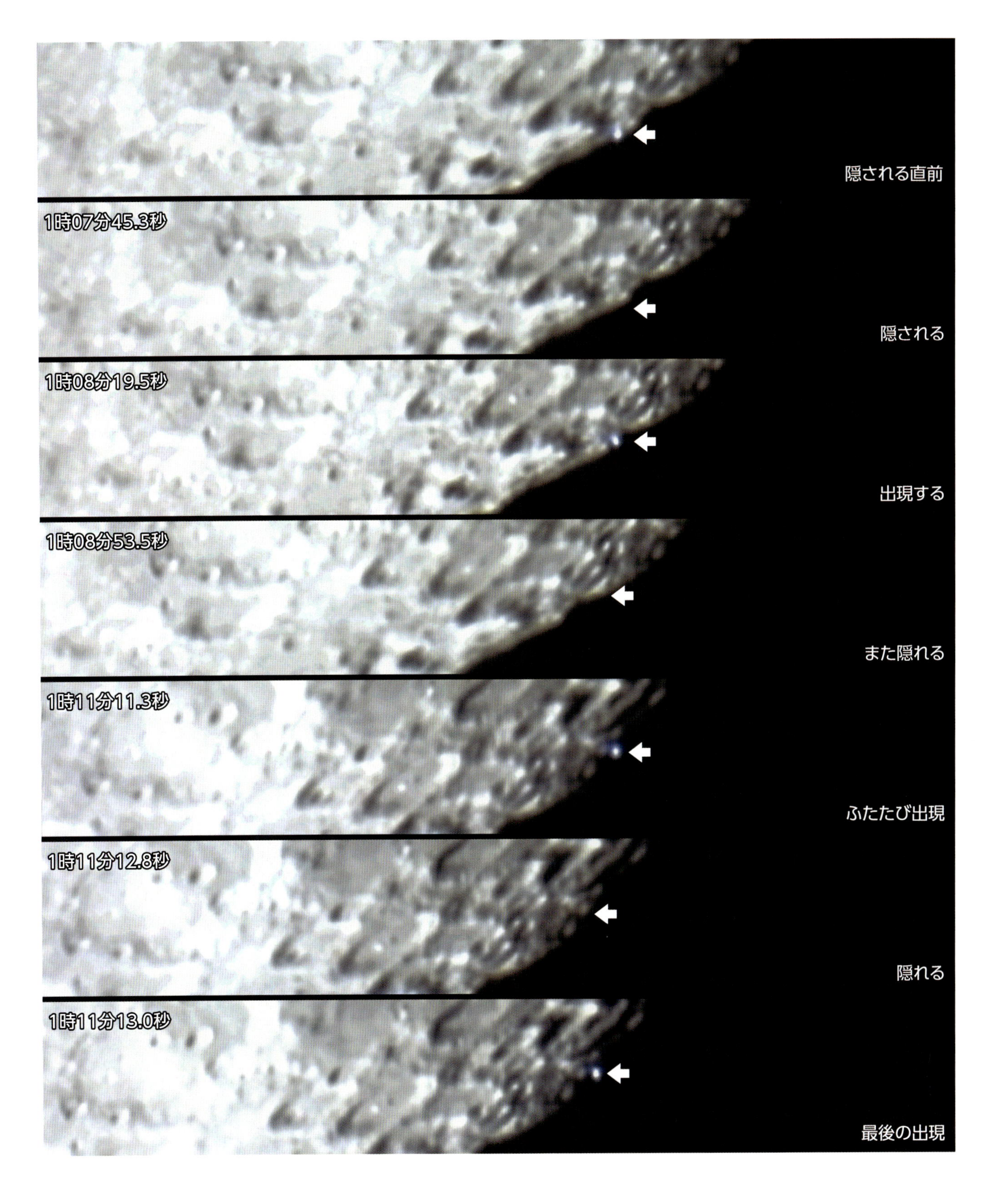

スピカ食

Occultation of Spica by the Moon

スピカはおとめ座の1等星です。写真は、1994年11月30日に起きたスピカ食を撮影したものです。このとき、スピカが月の縁すれすれのところを通過した（このような現象を「接食」といいます）ことから、約3分半の間に、スピカは月の高い山に隠されて消えたり、深い谷の合間から出現して輝いたりを、数回繰り返しました。写真の1、3、5、7枚目では月の縁から輝くスピカが見えますが、2、4、6枚目では月に隠されています。

蛍舞う宵の空

Fluttering Fireflies in the Evening Sky

夜間に生物と月の共演を目撃する機会はとても少ないのですが、蛍の時期はその貴重なひと時をもたらします。この写真は、2015年6月20日の午後9時前に撮影したもので、西の空に月齢4の月、その右上には金星、左上に木星が輝き、幻想的な情景をつくり出していました。

夕暮れの舞

Fluttering in the Evening

明るい時間帯の月は、鳥や飛行機などが通過することがあります、特に月の高度が低いときは人々の視界に入りやすく、より注意を引くように思われます。切手で有名な「月に雁（かり）」は、歌川広重の浮世絵を図案化したもので、月を背景に3羽の雁が舞い降りるようすを描いたものです。

第2章
Chapter Two

月を観る
Observing the Moon

月を見ると、明るい部分と暗い部分があり、月面特有の模様を描いています。そのような模様を日本では兎が餅をつく姿、中国では嫦娥（じょうが）と呼ばれる仙女、ヨーロッパでは本を読む女性またはカニ、アラビアではライオンの姿に見てきました。

双眼鏡や望遠鏡を向けると、このような模様を形づくっているのは、たくさんのクレーターや山脈が形づくる明るい領域と、比較的平坦な暗い領域だということがわかります。

この章では、有名な地形を、それらが見やすい月齢ごとに紹介しています。各月齢の紹介ページでは、左ページに欠け際を中心にした全体像を、右ページにはいくつかの拡大像を掲載しています。拡大像は、探査衛星による高い分解能の画像を使用しています。

月の形

Shape of the Moon

月は昔から移ろいやすいものの代名詞とされてきました。それは、月が日に日に姿を変え、しかも月が東の地平線から昇ってくる時刻も日々変化するからです。これは、自ら光を放つ太陽や夜空の星々とは異なり、月が太陽の光を反射していることに起因します。また、月は、太陽の周りを回る地球のさらに周囲を回転していて、地球から見た月と、光源である太陽の位置関係が変化するためです。

地球から見る月の形は約29.5日の周期で変化します。まったく月が見えない新月から月は徐々に太って丸くなっていきます。三日月、右半分が輝く半月（上弦の月)、そして満月となります。その後は次第に欠けていき、左半分が輝く半月（下弦の月)、細い月、そして再び新月となります。これを月の満ち欠けと呼び、その1周期を「朔望月（さくぼうげつ）」と呼んでいます。それぞれの形の月には、それぞれの見どころがあります。

月齢と月の形

The Age and Shape of the Moon

月齢と月の形を示しました。新月を0として新月から何日経過したかを数字で表したのが「月齢」です。これから計算すると満月は14.75になるはずですが、実際には、月の軌道が楕円で満ち欠けの速度が一定でないため、満月の月齢は13.8から15.8の間の値となります。月齢が7前後であれば上弦の月、15前後なら満月、22前後なら下弦の月、30に近ければ新月に近いことを示します。

月の軌道と形

Lunar Orbit and Shape

月と地球、太陽の位置関係を示した図です。月は地球の周りを公転しています。白の矢印は地球の自転方向と月の公転方向を示しています（地球の自転軸の北の方向から見た場合)。地球から見て太陽と月が同じ方向にあるときが新月、太陽と月が90°離れたときが上弦、太陽と月が反対方向にあるときが満月、再び月と太陽が90°離れたときが下弦です。月は1日ごとの位置を示しています。

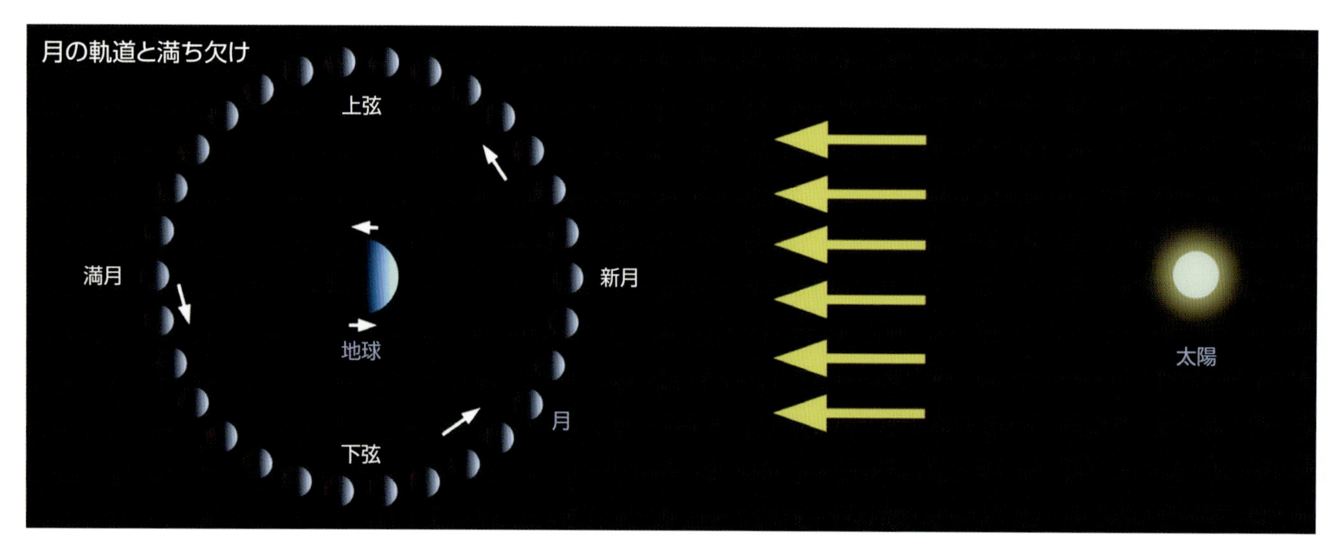

月齢−0
月齢−1
月齢−2
月齢−3
月齢−4
月齢−5
月齢−6
月齢−7
月齢−8
月齢−9
月齢−10
月齢−11
月齢−12
月齢−13
月齢−14
月齢−15
月齢−16
月齢−17
月齢−18
月齢−19
月齢−20
月齢−21
月齢−22
月齢−23
月齢−24
月齢−25
月齢−26
月齢−27
月齢−28
月齢−29

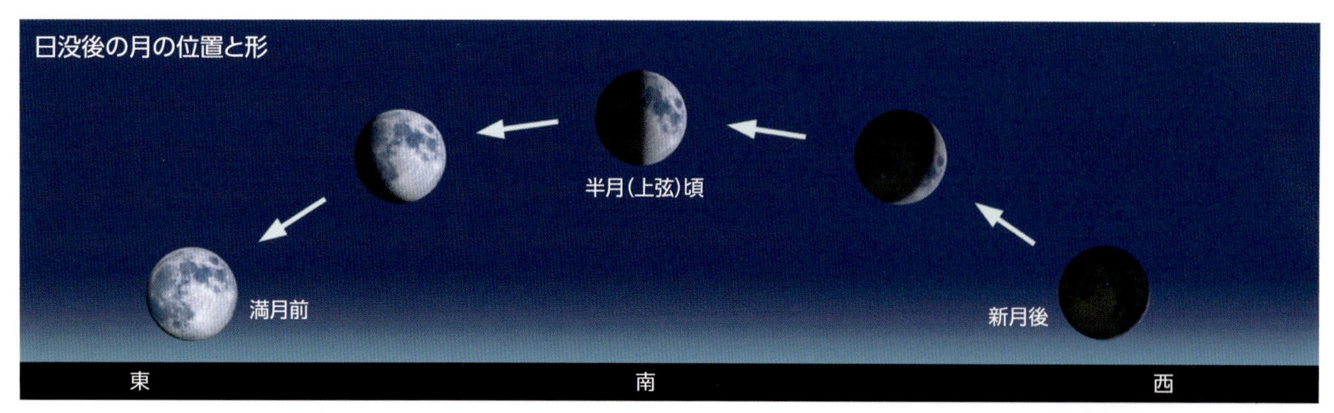

月齢と月の位置

Lunar Shape and Position

上の図は日没後に見える月の位置と形、下の図は日の出前の月の位置と形を示しています。月は太陽や星などと同じく、東の地平線から昇り、時間がたつにつれて南の空に移動し、最も空高いところを通って、その後、西の空低くなっていき、地平線へと沈みます。月の出は、毎日、約50分ずつ遅くなります。このため、毎日、同じ時刻に月を見ると、月は西から東へと移動して見えます。

月の形と出没時刻

Moonrise and Moonset Times

地球から見て、月と太陽が同じ方向にあるとき、太陽の光を反射している面は地球からまったく見えません。このときを「新月」と呼びます。新月から日に日に月は太くなっていき、新月から7日くらい後には月の西側（右）半分が光って見えます。「上弦の月」と呼びます。太陽と月が90°離れたときです。上弦の月は昼頃に東の地平線上に昇ってきますが、空が明るいのでほとんど見えません。日没となり、空が暗くなってくると、南の空に輝いているのがわかります。上弦の月は深夜0時頃、西の地平線に沈みます。

さらに約7日、新月から15日ほどたつと、月が太陽と反対側にいきます。太陽の光を浴びている面全体が地球を向いています。これが「満月」です。満月は日没の頃に東の地平線上に昇り、深夜には真南の空高く輝いて、夜明け頃に西の地平線に沈みます。

その後、月は徐々に細くなっていき、7日くらいたつと今度は東側（左）半分が輝く「下弦の月」となります。上弦の月とは反対側の半面が輝いて見えます。下弦の月は深夜0時頃に東の地平線上に昇り、夜明けに真南の空高く輝き、昼頃に西の地平線に沈みます。

さらに日がたつにつれて月は細くなっていき、下弦から7〜8日後には再び新月となります。

秤動による見え方の違い

Libration of the Moon

月が1回転する自転周期と、地球の周りを1回転する公転周期はほぼ同じため、月は常に同じ面を地球に向けています。つまり地球から見ると月の半分の面しか見えないことになりますが、実は、59%（半分以上）の面を見ることができます。これは地球から見ると月が上下左右に首振り運動をして見えるためで、これを「秤動（ひょうどう）」と呼びます。秤動の詳しい説明はp177にあります。

秤動により、経度方向（左右）では、東西が最大8度ずつ余分に見えます。月が近地点から遠地点に向かうとき、東側がよく見え、遠地点から近地点に向かうときは、西側がよく見えます。

一方、緯度方向（上下）では、南北で最大で6.7度ずつ余分に見えます。これは月の自転軸が公転面に垂直な軸に対して傾き、さらに月の公転面が地球の公転面に対して傾いているためです。

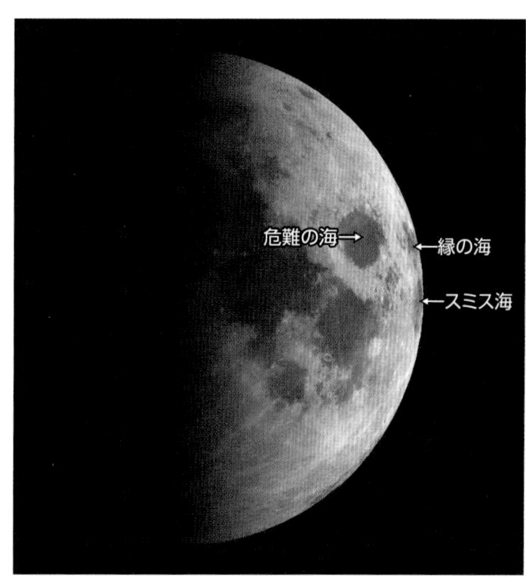

経度方向の秤動により月の東の縁（地球から見て西の縁）の見え方が大きく変化します。

経度方向の秤動により月の西の縁（地球から見て東の縁）の見え方も大きく変化します。

緯度方向の秤動により月面の南北方向の見え方が大きく変化します。

月面図

Selenographic Chart

地球から見ることのできる表面の主な地形を示した月面図です。黄色文字はクレーターや山脈を示し、青色文字は海、沼、入り江の名前を示しています。上が北、下が南です。天体望遠鏡で観察するときは、倒立して見える場合があります。

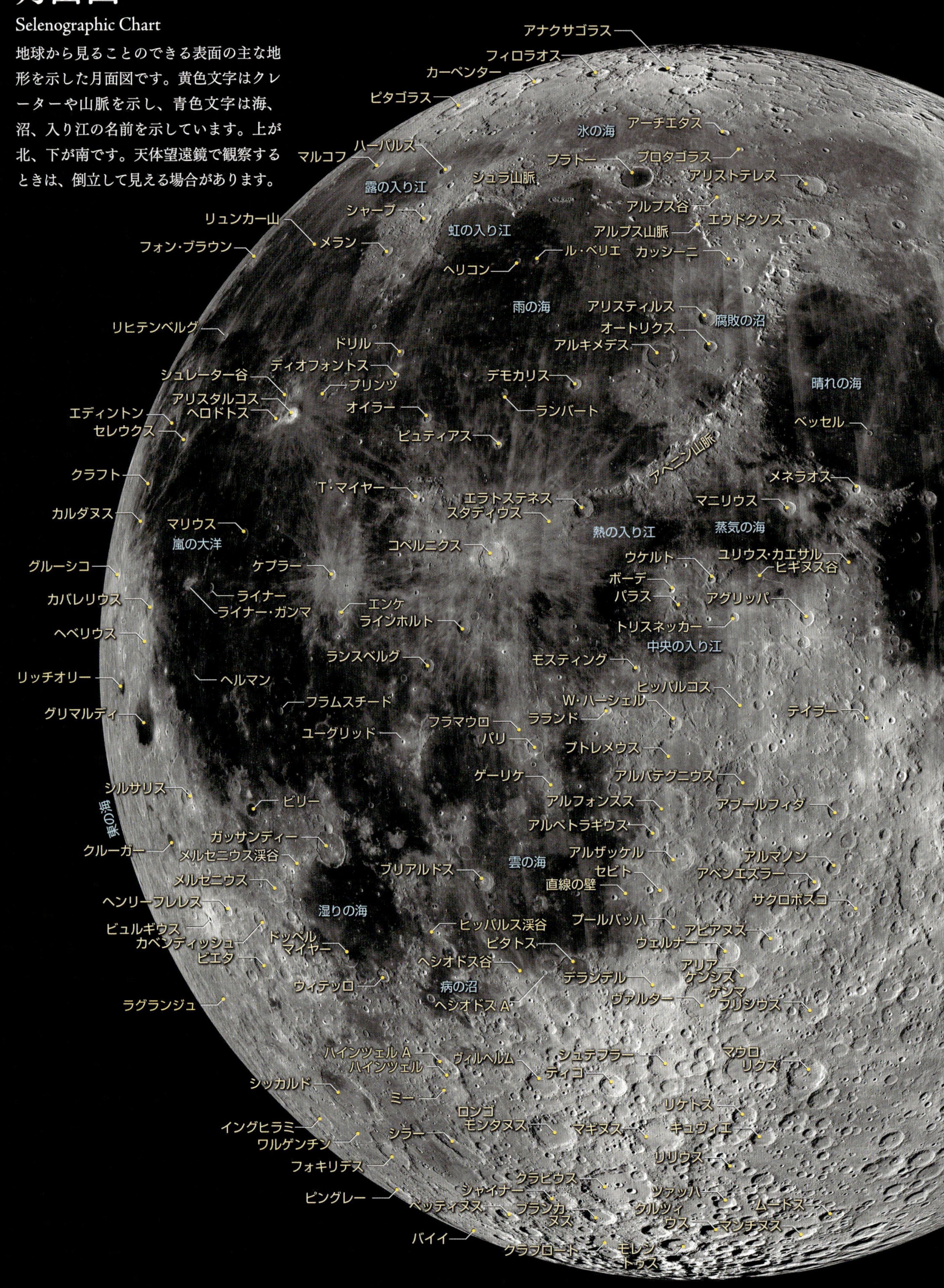

※月面はほぼ完全なニュートラルグレー（色みのない灰色）の世界なので色彩はありません。

フィロ
ラオス
アナクサゴラス
スコレスビィ
ペテルマン
デモクリウス
ストゥラボ
アーチエタス
プロタゴラス
フンボルト海
エンデュミオン
プラトー
氷の海
アリストテレス
ヘラクレス
アトラス
メルキュリウス
ゼノ
アルプス谷
エウドクソス
ビュルク
カッシーニ
グローブ
ケフェウス
フランクリン
霧の浅瀬
夢の湖
ガウス
雨の海
アリスティルス
ゲミヌス
ベルノウリ
ベロッサス
腐敗の沼
ポシドニウス
ハーン
オートリクス
晴れの海
アルキメデス
クレオメデス
リンネ
ルモニエ
デモカリス
レーマー
エイマート
プルタルク
ベッセル
マクロビウス
アペニン山脈
危難の海
メネラオス
エラトステネス
プリニウス
プロクロス
ピカール
緑の海
マニリウス
蒸気の海
コンドルセ
スタディウス
カウチィ
フィルミクス
ウケルト
ユリウス・カエサル
ヒギヌス谷
静かの海
波の海
ボーデ
タルン
ティウス
パラス
アグリッパ
アラゴ
アポッロニオス
ドゥビアゴ
ディオニシウス
トリスネッカー
中央の入り江
セオン シニア
泡の海
モスティング
ドランブル
メシエ
ピッカリング
ヒッパルコス
W・ハーシェル
豊かの海
スミス海
ホロックス
ラランド
テイラー
イシドラス
ハレー
グーテンベルグ
ラングレヌス
ハインド
プトレメウス
ゴクレニウス
ラペイルーズ
カント
ゲーリケ
アルバテグニウス
マドラー
アンスガリウス
ピレネー山脈
アブールフィダ
アルフォンスス
テオフィルス
コロンブス
ラメ
タシトゥス
神酒の海
アルペトラギウス
フェンデリ
ウス
アルザッケル
カタリナ
フラカストリウス
アルマノン
雲の海
アベンエスラー
サントベック
セビト
直線の壁
ヘカタエウス
サクロボスコ
アルタイ断層
ペタビウス
プールバッハ
フンボルト
アピアヌス
ウェルナー
ピッコロミニ
ピタトス
アリア
ゲンシス
ネアンテル
ステヴィヌス
デランデル
サグート
ヴァルター
フルネリウス
ゲンマ
フリシウス
レイタ
レイタ谷
シュテフラー
メティウス
オロンチウス
マウロリグス
ティコ
ファブリキウス
バロキウス
アベル
ジャンセン
ハーゼ谷
リケトス
マギヌス
ベイコン
キュウィエ
ピティスク
シュタインハイル
ロンゴ
モンタヌス
ヴラーク
リリウス
クラビウス
ピエーラ
南の海
シャイナー
ツァッハ
ポントクラン
クルツィ
ウス
ムートス
ブランカ
ヌス
マンチヌス
ヘルムホルツ
モレ
トゥス
ブサンゴー
クラプロート
シェーンベルガー

月齢2（三日月）

Moon Age 2 (Crescent)

三日月は、月の満ち欠けを利用した昔の暦「太陰暦」で使用した呼び名で、月齢0すなわち新月を1日と数えたため、三日月は月齢2の月を意味します。月面の東側の縁（見かけの方向は西）が太陽の光を浴びて輝きます。図の□で囲んだ部分の拡大画像が、右ページに示してあります。

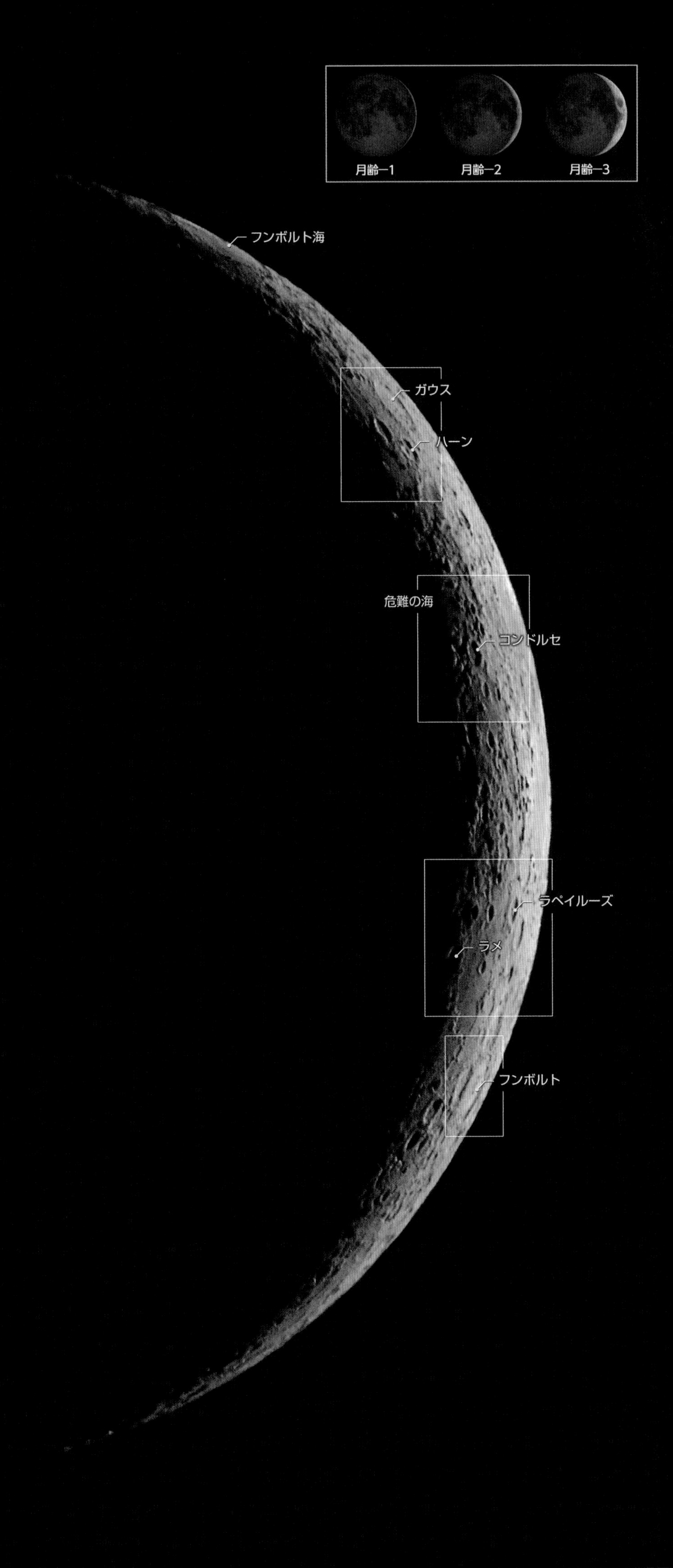

月齢2の観望

月面には色の濃い暗い部分と明るい部分があり、暗いところは「海」と呼ばれ、明るい部分にはクレーターや山脈、高地などがあります。この頃見えている部分には海が少なく、比較的明るく輝いて見えます。球形をした月の端近くを見ているため、地形は細長く歪んで見えますが、太陽光が斜めから当たり、小さな凹凸でも長い影をつくり、高さが強調されて見えます。

ガウス(Gauss)
直径170kmの巨大クレーターで、縁近くにあり、月の首振り運動(秤動：p177)によって見え方に大きな差がある。

ベロッサス(Berosus)
底が溶岩で覆われてなめらかで、比較的新しいクレーターだと考えられる。直径は約75km。

ハーン(Hahn)
ベロッサスの隣にあり、直径は87.5kmで、ほぼ同じ大きさだが、ハーンにははっきりとした中央丘陵がある。中央丘陵はクレーター中心付近に見られる山、または丘状の凸部分で、いくつもの部分に分かれているときは中央丘陵群と呼ぶ。また、ハーンの周壁上にはクレーターが存在し、ハーンが古いクレーターであることがわかる。

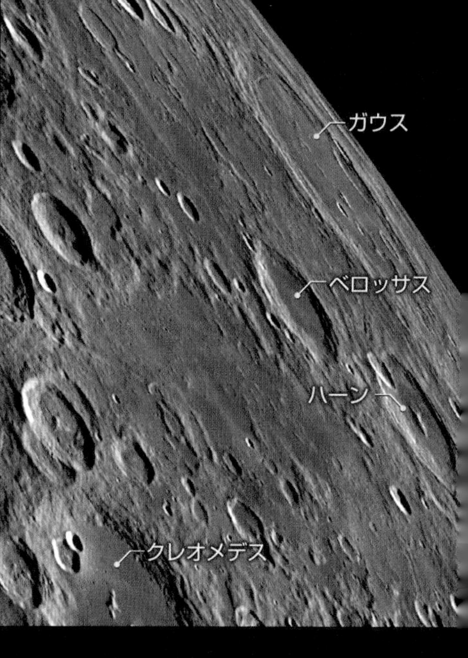

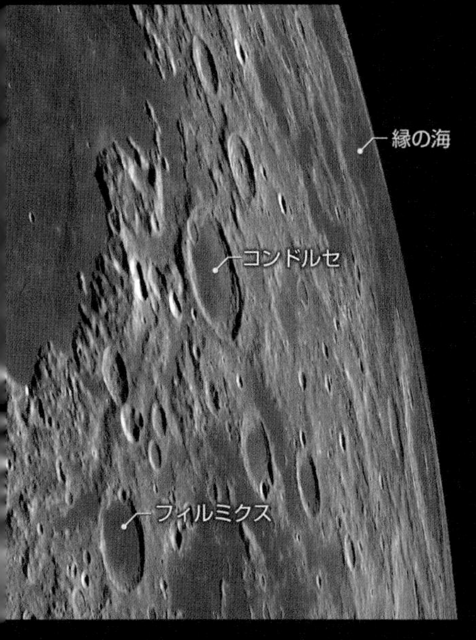

コンドルセ(Condorcet)
危難の海の南東に位置する直径75kmのクレーター。底は月内部からしみ出した溶岩に覆われ、中央がやや盛り上がっている。

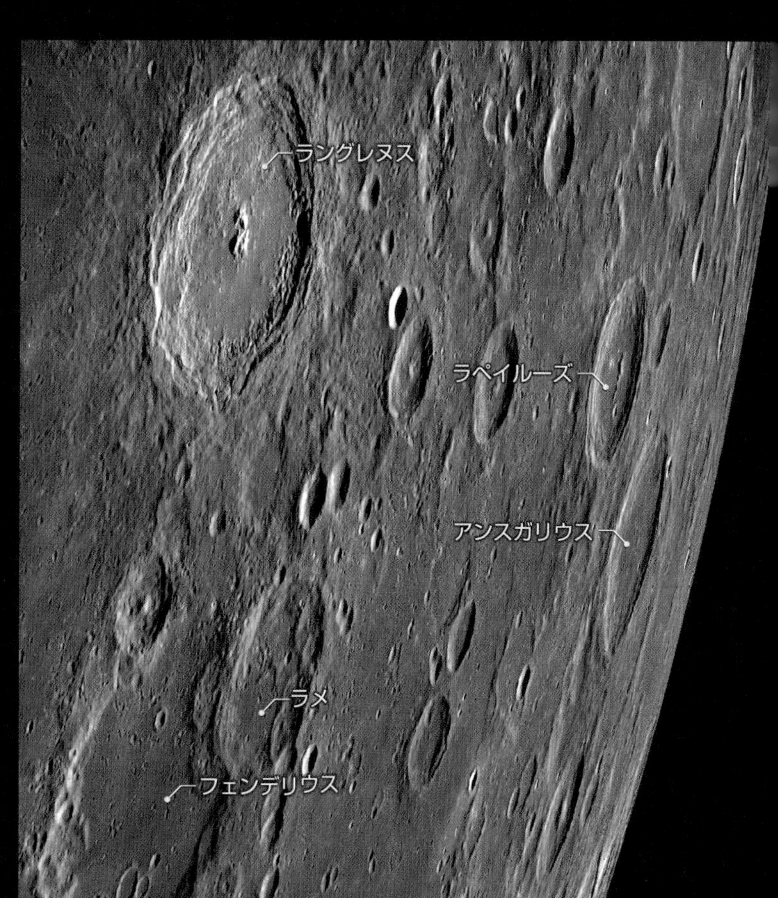

ラペイルーズ(Lapéyrouse)
アンスガリウスと隣り合う直径80kmのクレーター。中央丘陵群があり、底も周壁も複雑な形状をしている。

アンスガリウス(Ansgarius)
直径91kmの大きなクレーターだが、縁に近いため秤動によって見え方に大きな差がある。クレーターの底はなめらか。

ラメ(Lame)
直径84kmの大型クレーターで、右(東)の縁にはいくつものクレーターが重なる。ラメの中央付近はわずかに盛り上がっており、複雑な形状をしている。

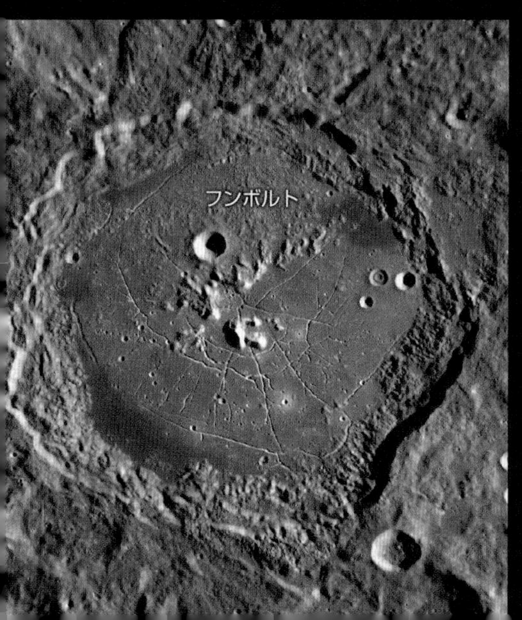

フンボルト(Humboldt)
月の北東の縁にあり、秤動により見え方が大きく異なる。直径199km、底には中央丘陵群や何本もの裂溝が存在する。周壁東部には5200mにも達する峰がある。
※この画像は探査機によって垂直方向から撮影したものです。

月齢4（五日月）

Moon Age 4

一般に三日月というときには、月齢3～4の月を示す場合があります。月齢2の月に比べると西に沈む時間が1時間半ほど遅くなり、観察しやすくなります。図の□で囲んだ部分の拡大画像が右ページに示してあります。

月齢4の観望

欠け際には、たくさんのクレーターが姿を現してきます。特に南部はクレーターが多いため凹凸が多く、見応えがあります。一方で、危難の海や豊かの海が見やすくなり、なめらかな海の底とクレーターに覆われた領域の違いがよくわかるようになります。危難の海の周囲は複雑な地形が続きます。

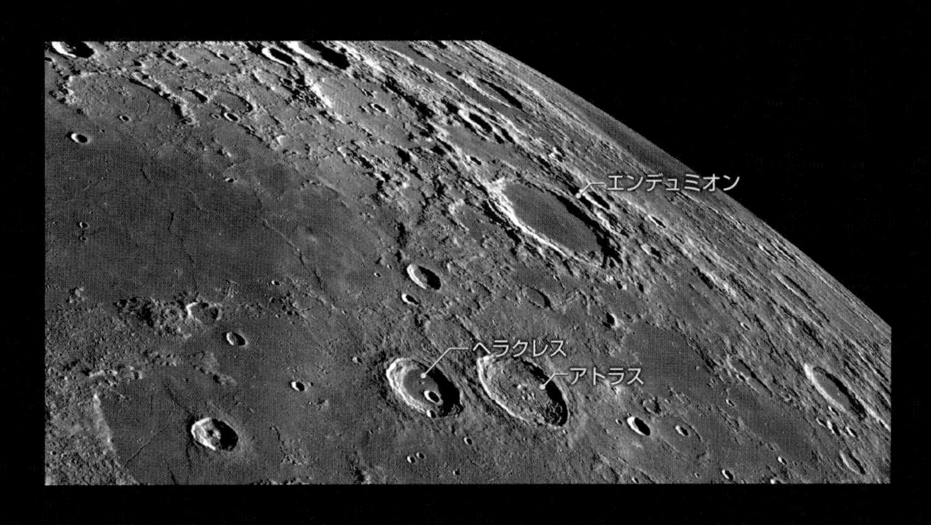

エンデュミオン（Endymion）
縁近くにあるため、秤動によって見え方が異なる。直径122kmの大型クレーターで、底は暗い色の溶岩に覆われ、非常に平らに見える。周壁は高く、底から5000mに達するところもある深いクレーターだ。

危難の海（Mare Crisium）
海としては小さいが、それでも直径は556kmもある。一面が黒い玄武岩に覆われている。月の北東の縁近くにあるため、地球から見ると縦長に見えるが、実際には南北400km、東西500kmで、横のほうが長い。1976年、ロシアの月探査機ルナ24号が土壌を採取し、地球に持ち帰っている。

クレオメデス（Cleomedes）
直径は131kmで、クレーターの周壁は段丘状になっており、高さはクレーターの底から3000m以上もある。いくつものクレーターが周壁を破壊するように存在する古いクレーターである。

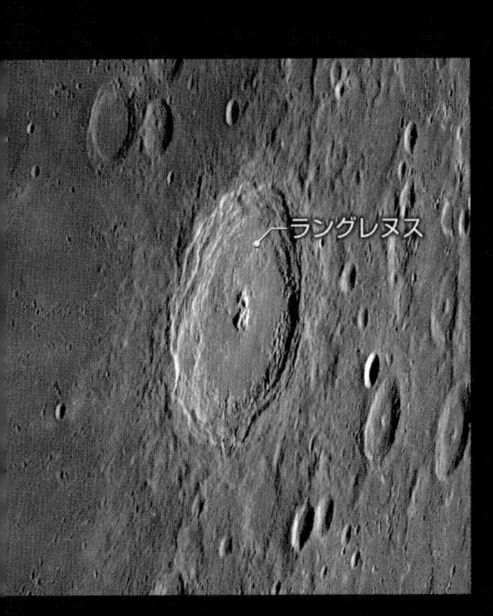

ラングレヌス（Langrenus）
月の東の縁近くにある直径132kmの大クレーターで、この領域では最も複雑で美しい形状をしている。中央丘陵の高さはクレーターの底から約1000mで、何段もの段丘のある周壁は最も高いところで3000mある。1992年、このクレーター内部で発光現象（p172）が観測され、話題となった。

ペタビウス（Petavius）
直径184kmの大型クレーターで、底には太くまっすぐにペタビウス谷が走る。中央丘陵群の主峰の高さはクレーター底から1600m、周壁は最も高いところで3000mある。

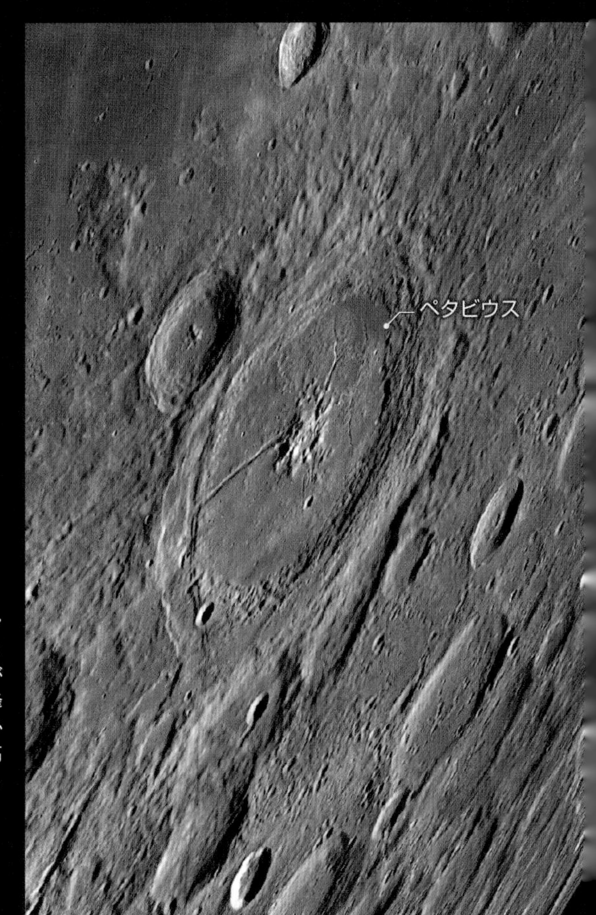

月齢5（六日月）

Moon Age 5

この頃の月は、日没時に南西の空高く見え、日没後も4時間ほど夜空に輝きます。つまり、暗夜の中で明るく輝くようすを見る機会が多くなり、望遠鏡を向けて観察する時間も十分とれるようになるのです。月の暗い部分が淡く輝く「地球照」(p19) も明瞭にわかります。

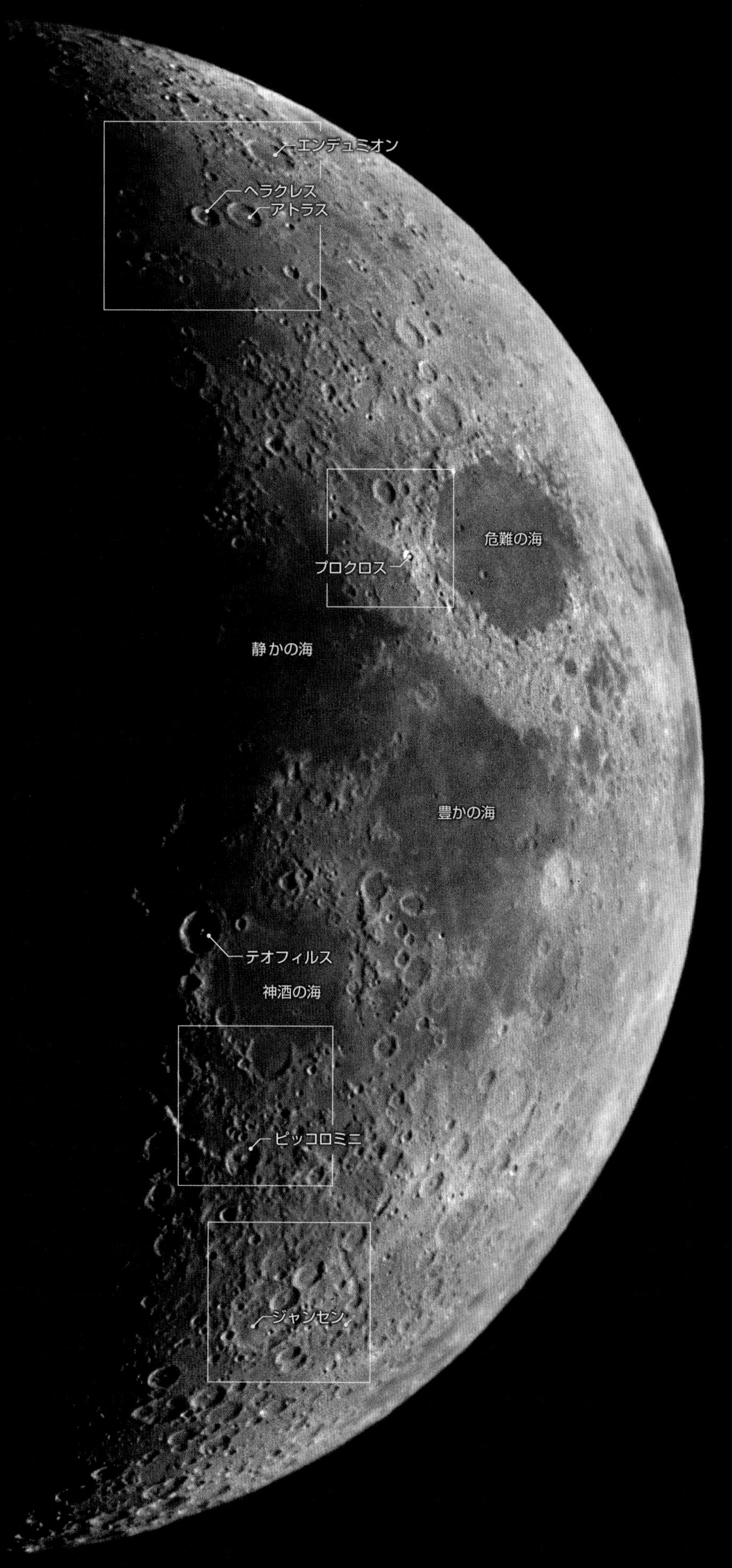

月齢5の観望

月の欠け際にクレーターがたくさん並び、見応えがあります。月面の北部で2つ並んだ同じような大きさのクレーター、アトラスとヘラクレスは、様相が大きく異なり興味深い対象です。また、神酒の海の周辺や、南部のジャンセン・クレーター付近も変化に富んでいます。

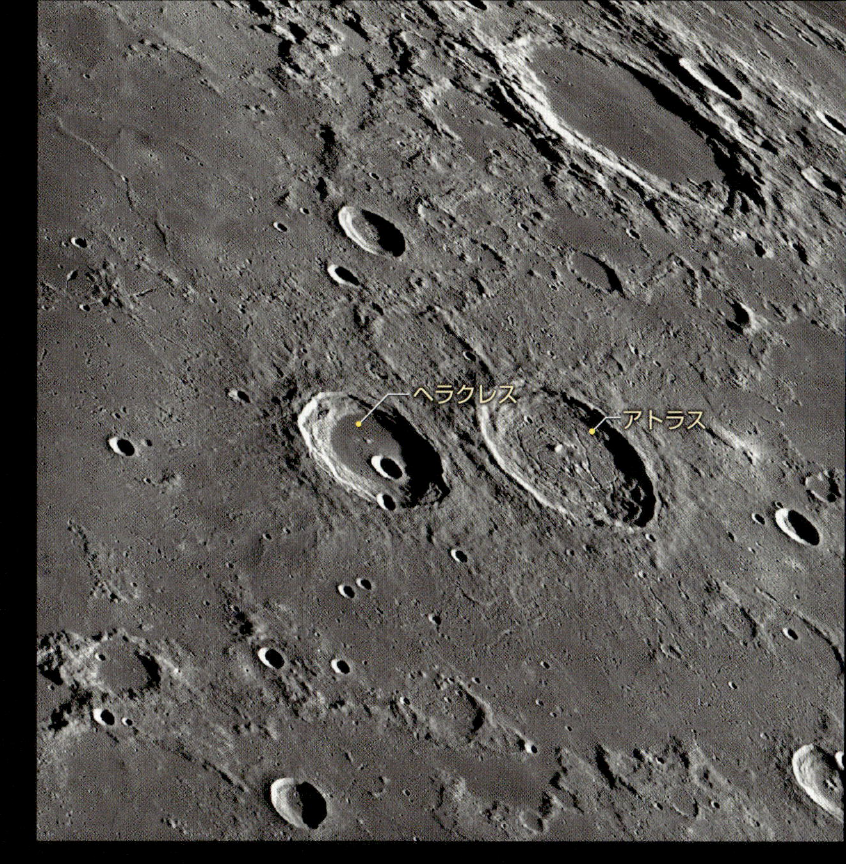

ヘラクレス(Hercules)
アトラスと隣り合う直径68kmのクレーター。数段の階段状の周壁があり、クレーターの底は溶岩で覆われている。

アトラス(Atlas)
直径88kmで、クレーター周壁の内側は階段状になっている。底にはアトラス谷と何本かの裂溝が走る。

マクロビウス(Macrobius)
直径63kmで、クレーター底から3900mの高さにそびえる周壁の内側には、たくさんの段丘が見られる。整った形の中央丘陵がある。

フラカストリウス(Fracastorius)
直径121km、底は溶岩に覆われ平坦である。周壁の高さは底から2400mほどしかない。画像の右上に位置する神酒の海につながって、入り江のようになっている。

ピッコロミニ(Piccolomini)
直径88km。周壁の内側が幅広い段丘を形成しているのは、月の地震活動によるものだと考えられている。

レイタ谷(Vallis Rheita)
長さは約500km、幅は最も広いところで30kmあり、地球に面した半球では2番目に長い谷。いくつものクレーターがつながって谷のように見えている。

ジャンセン(Janssen)
直径約201kmの巨大クレーターで、底はかなり起伏に富む。大きく曲がりくねったジャンセン谷が目を引く。ジャンセン内には直径78kmのクレーター、ファブリキウスが存在する。

月齢7（八日月）

Moon Age 7 (First quarter)

日没の頃に真南の空高くに輝いて見え、ほぼ右半分が輝く半月です（上弦の月）。太陽は右から月を照らしていて、右の縁のほうは影がなくて凹凸がわかりませんが、欠け際は影が長く、凹凸が強調されます。図の□で囲んだ部分の拡大画像が右ページに示してあります。

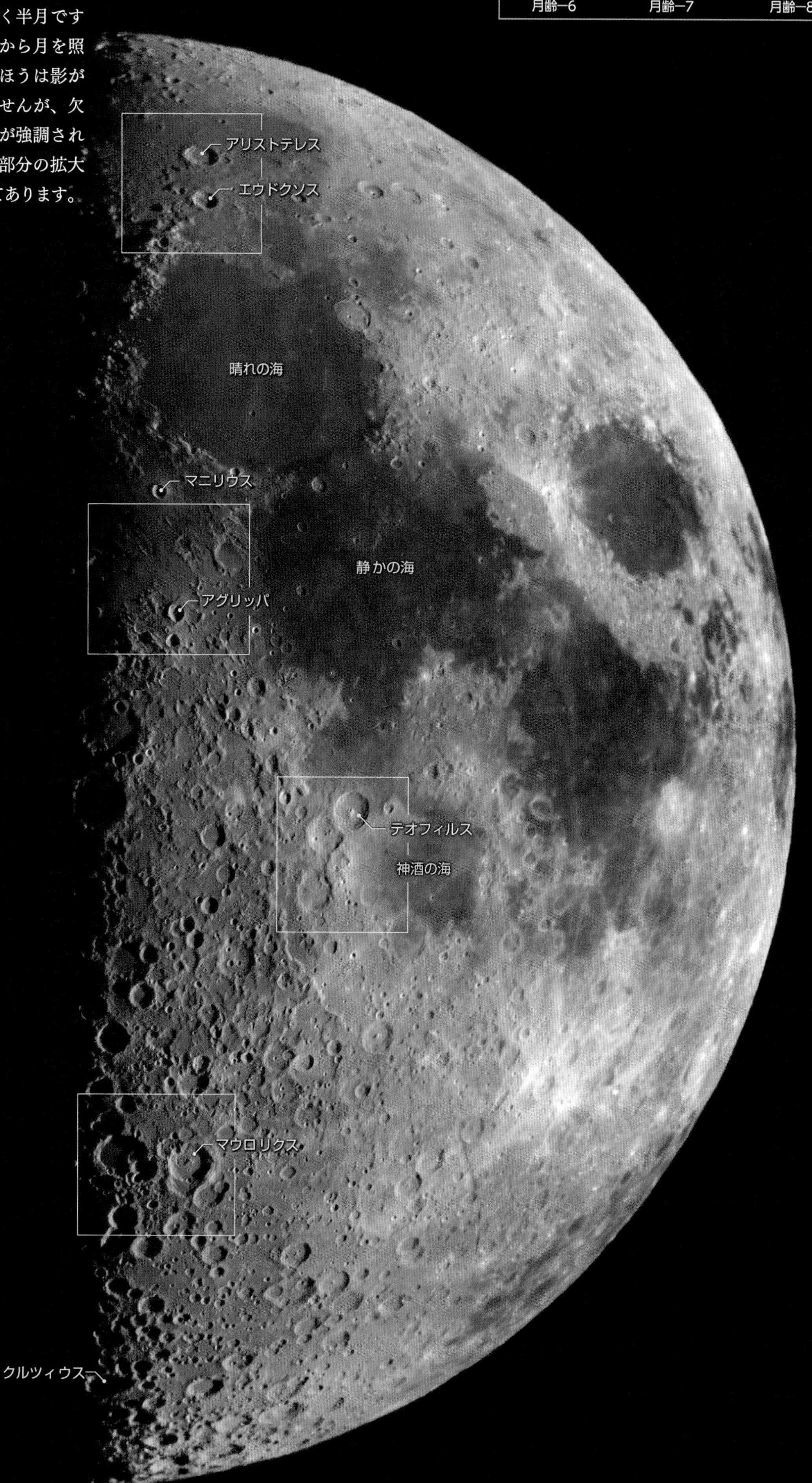

月齢7の観望

欠け際の中央付近から南へ向かって、直径約50～100kmのクレーターがほぼ一列に並んでいます。これは中央火口列です。この頃、目につきやすい地形ですが、個々のクレーターを観察するにはもう少し月が丸くなったときのほうがよいかもしれません。晴れの海、神酒の海の縁は複雑な地形が見られます。

アリストテレス(Aristoteles)
形のはっきりした、直径88kmのクレーター。周壁の内側は幅広い段丘状になっている。

エウドクソス(Eudoxus)
アリストテレスと同様に、周壁の内側は幅広い段丘状になっている。このクレーターの中央丘陵群は低い丘の集まりで、あまり目立たない。太陽が真上近くから照らすようになると放射状の筋模様「光条」が見られる。直径は70km。

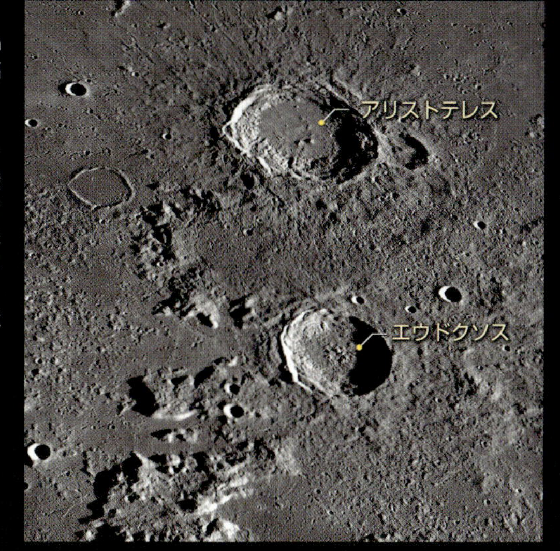

ヒギヌス谷(Rima Hyginus)
火山から流れ出した溶岩が表面から順に固まると、地下を溶岩が流れた跡が空洞となって残ることがある。これを「溶岩チューブ」と呼ぶ。ヒギヌス谷は、溶岩チューブの天井部分が陥没してできたと考えられている。長さは約220kmで、谷の中央に直径8.7kmのヒギヌス・クレーターがある。

テオフィルス(Theophilus)
テオフィルス、キリルス、カタリナは神酒の海の周囲に見られる、ほぼ同じ大きさのクレーター列。そのなかでもテオフィルスは最も形が整っている。中央丘陵が高くそびえ立ち、最高峰は約5500m。月面のクレーターのなかでは新しく、生まれてから11億年ほどしかたっていない。直径99km。

キリルス(Cyrillus)
直径98km。非常に古く、38億年以上前に形成されたクレーターで、テオフィルスに周壁を壊されている。

カタリナ(Catharina)
テオフィルス火口群のなかでは最古のもので、最も形がくずれている。直径99km。

カント(Kant)
直径は31kmだが、3700mの深さがあるクレーター。底に霧のようなものが見えたとの目撃談がある。

マウロリクス(Maurolycus)
月面南部のクレーターの密集した領域にある直径115kmのクレーター。

シュテフラー(Stöfler)
隣のマウロリクスとは対照的に、底は平らで暗い色をしており、部分的に色の濃さが異なる。直径130km。

月齢9（十日月）

Moon Age 9

半月よりやや丸みを帯びた月で、欠け際に暗い色の海が多く存在するため、あまり凹凸がなく、その点ではおもしろみに欠けるかもしれません。標高が高いコペルニクス・クレーターの周壁が太陽光を反射して、暗い領域に浮かび上がっています。

月齢9の観望

見どころはなんといってもほぼ同じ大きさのクレーターが、月面中央付近から南へとほぼ一直線に並んだ中央火口列です。そのなかでも特にプトレメウス、アルフォンスス、アルザッケルの3つはプトレメウス火口列とも呼ばれ、よく目立ちます。また、月面で最も暗い色の底といわれるプラトーや、満月が近づくと四方八方に明るい筋模様を出現させて明るく輝くティコも見逃せません。放射状の筋模様は「光条」と呼ばれ、隕石が衝突し、クレーター生成時に放出された物質が飛散して形成されたものです。

プラトー(Plato)
月の北部にある直径101kmのクレーター。内部は溶岩に覆われて海のように暗く、月面で最も平坦な場所として知られる。閃光や色が見えたり、かすんで見えたりしたなど、異常現象の目撃例が多い。

アペニン山脈(Montes Apenninus)
月面第2の大きさがある巨大な海「雨の海」の縁の一部。長さ600kmにわたって、5000m級の山が連なり、最も目立つ山脈といわれる。1971年、アポロ15号が着陸したハドリー谷（p155）が近くにある。

プトレメウス(Ptolemaeus)
プトレメウス火口列のなかでは最も北に位置する。直径154kmで、3つのクレーターでは最も大きい。底はとても平坦で、暗く見える。

アルフォンスス(Alphonsus)
プトレメウス火口列の真ん中のクレーター。直径111km。中央丘陵があり、底にはしわや割れ目のような地形が見える。1958年、ガス噴出の目撃があって以来、注目されている。

アルザッケル(Arzachel)
プトレメウス火口列では最も南にあり、直径97kmで最も小さい。巨大な中央丘群があり、周壁の高さは4100m。

ティコ(Tycho)
直径約85km。月面で最も美しい形のクレーターといわれる。約1億年前にできた新しいクレーターで、満月の頃になると白い筋状の「光条」が放射状に伸び、1500km（一説には2000km以上）の長さに達する。ちなみに月の半径は1700kmほどである。

月齢11（十二日月）

Moon Age 11

半月と満月のほぼ中間といえる形状です。欠け際にはやはり海が多く、凹凸が少ないため、やや迫力に欠けて見えるでしょう。最も輪郭のはっきりした雨の海がほぼ全景を現しています。ティコからの光条が目立ってきており、北にある晴れの海を2つに分けて伸び続けます（この光条は、メネラオスから伸びているという見方もあります）。

月齢11の観望

見どころは虹の入り江と、月面で最も形が整ったクレーターといわれるコペルニクスでしょう。虹の入り江は雨の海に続く半円形の地形で、海と同じく暗い色をしていて非常に目立ちます。とても平坦な場所です。一方、コペルニクスは嵐の大洋にあり、満月が近くなると800kmの長さの光条を出現させます。100km近い直径があり、はっきりした輪郭をしているので双眼鏡でも確認できるでしょう。

虹の入り江
(Sinus Iridum)
「雨の海」に続く半円形の地形で、クレーターが月の内部からしみ出した溶岩で半分埋もれたものだと考えられている。直径は249kmもあり、人気のある月面の名所の1つだ。

ジュラ山脈
(Montes Jura)
虹の入り江を形成しているクレーターの周壁。虹の入り江表面からの高さは平均3000m。

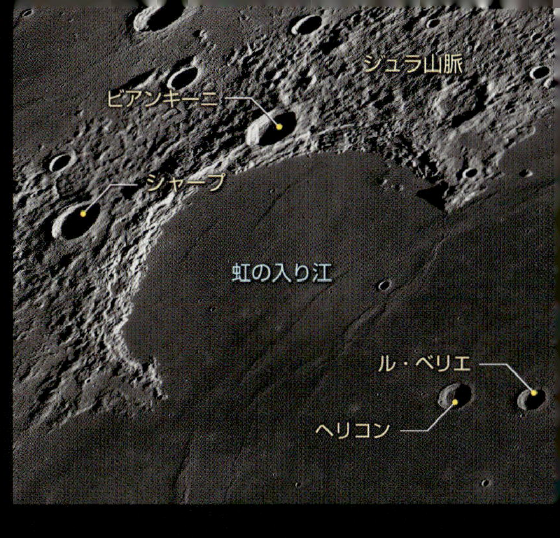

スタディウス(Stadius)
「幻クレーター」「幽霊クレーター」などと呼ばれる。以前は直径68kmの立派なクレーターだったが、雲の海を埋め尽くした溶岩が、このクレーターを飲み込んでしまい現在では周壁の一部がかろうじて残っているだけだ。

コペルニクス(Copernicus)
月面のクレーターのなかで最も整った形をしているものの1つ。直径は96kmで、はっきりした輪郭と中央にある2つの丘陵が特徴的である。ティコに次いで長い光条を見せる。

ヒッパルス渓谷(Rimae Hippalus)
湿りの海の縁にある、3本の弓状に曲がった溝。平均266kmの長さがある幅3kmの巨大な地溝だ。

ブリアルドス(Bullialdus)
雲の海の中にある、形の整ったクレーター。直径は61kmで、目立つ中央丘陵がある。クレーターが形成されたとき、月内部から押し上げられた物質でできた丘陵には、かつて水が存在した痕跡が発見された。

ケーニヒ(König)
直径23km、周壁の高さはクレーター底から2400mある。周壁内部の物質が底になだれ落ち、クレーター内部はでこぼこして不規則な地形になっている。

キース(Kies)
直径46km。溶岩に大部分が埋もれ、周壁の高さは390mしかない。ケーニヒから伸びる光条がクレーターの中央を横切っている。

月齢13（十四日月）

Moon Age 13

太陽光の方向はしだいに月の正面に近づき、月の形はかなり丸みを帯びています。ティコの光条が長く伸びているのがはっきりし、コペルニクスの光条も目立ってきました。欠け際にはたくさんのクレーターが並び、凹凸の変化は見応えがあります。

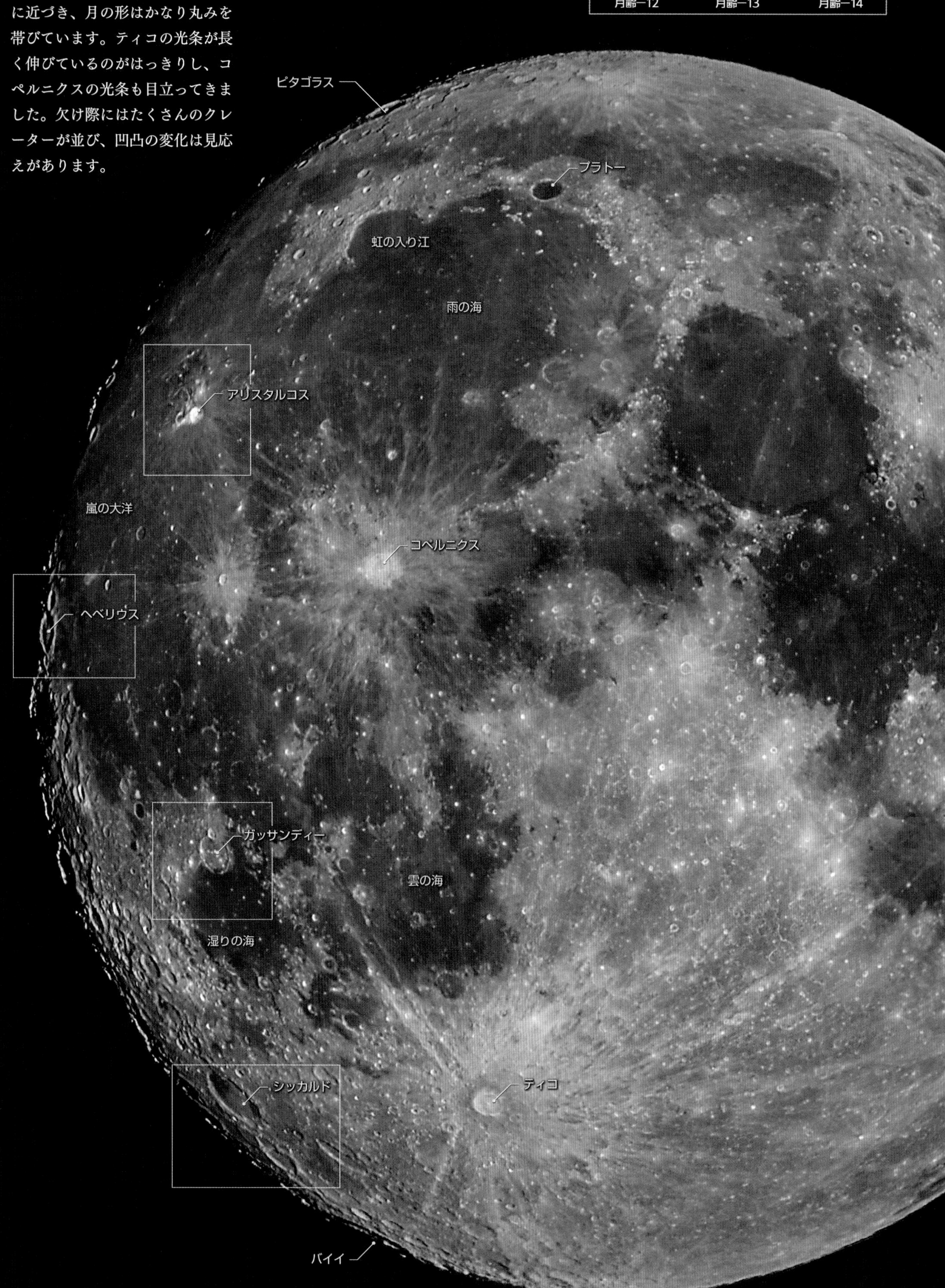

月齢13の観望

最も注目したいのは、月面で最も明るく輝いて見えるアリスタルコスとその隣にあるヘロドトスです。嵐の大洋の中央部に溶岩でできたアリスタルコス台地があり、ここに2つのクレーターとシュレーター谷が集まっています。この周辺は発光現象が数多く目撃されている注目の領域です。また、南西の縁近くにある巨大クレーターのバイイやシッカルドなどに光が斜めに当たって見やすくなっています。

ヘロドトス(Herodotus)
直径約36kmで、内部は溶岩で埋められていて平坦。深さは1500mしかなく、隣のアリスタルコスが3700mあるのに比べると異常に浅い。

シュレーター谷(Vallis Schröteri)
ヘロドトス・クレーター近くから始まり、とちゅうで二股に分かれている。月面で最も有名な地形の1つ。全長160km、幅は6kmで、最も深いところは1000mある。

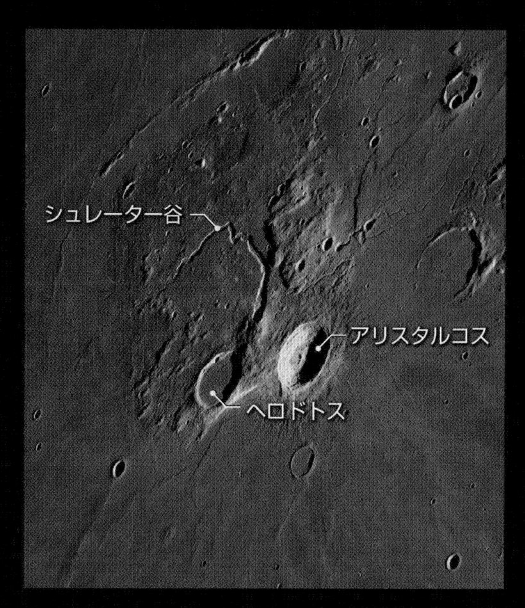

アリスタルコス(Aristarchus)
直径40kmとあまり大きくないが、月面で最も明るく輝き、地球照のときでもよく見える。以前から異常発光現象(TLP)の目撃が多い場所だったが、1971年、アポロ15号によりラドンガスの噴出が観測された。クレーターより上の広く盛り上がった領域は、溶岩が大量に噴出してできた「アリスタルコス台地」だ。

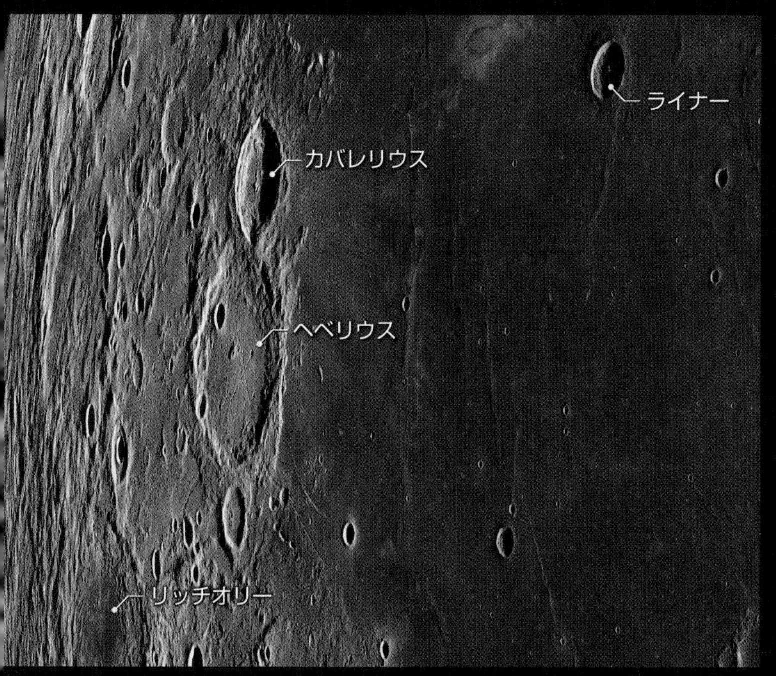

ヘベリウス(Hevelius)
直径114km。月の縁近くにあるため見にくいが、実は複雑な様相をしている。クレーター内部には縦横に溝が走り、上下(南北)方向に内部から外へ周壁を乗り越えて溝が伸び、左右(東西)方向の溝は周壁によって遮られ、とちゅうで断裂している。

カバレリウス(Cavalerius)
直径59km。ヘベリウスのすぐ北に位置する。カバレリウス、ヘベリウス、その南にあるロールマン・クレーターは嵐の大洋の縁にある。カバレリウスのすぐ北東に「下降の平原」と名づけられた場所があり、1966年2月、人類が送った無人探査機ルナ9号(旧ソ連)が初めて軟着陸を果たした場所だ。

シッカルド(Schickard)
月の南東縁近くにある直径212kmの巨大クレーター。底は比較的平坦だが、左下部分に小さなクレーターが集中して刻まれている。

ワルゲンチン(Wargentin)
直径は85kmだが、周壁の高さは300mほど。玄武岩の溶岩が周壁の内側からあふれ出し、クレーター内を埋め尽くして、周壁の低い部分から外側に流れ出したと見られている。クレーターの底には、中心から外側に向かって数本のしわ構造が見られる。

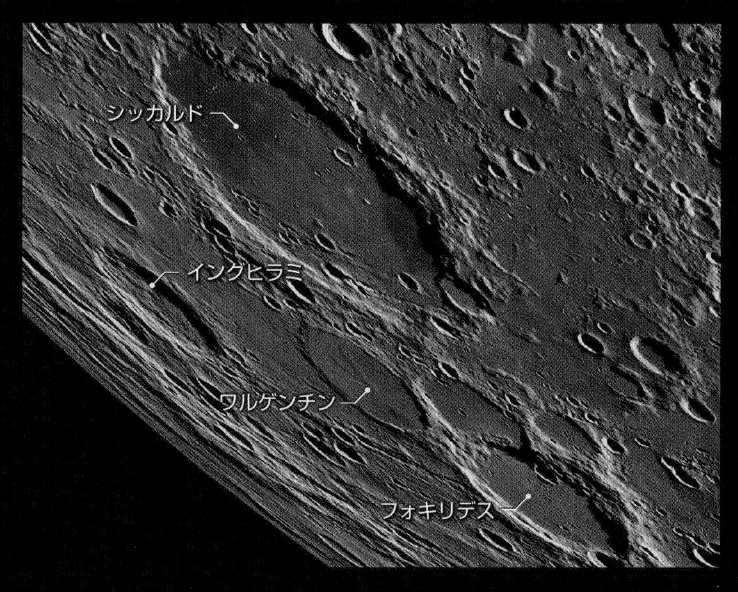

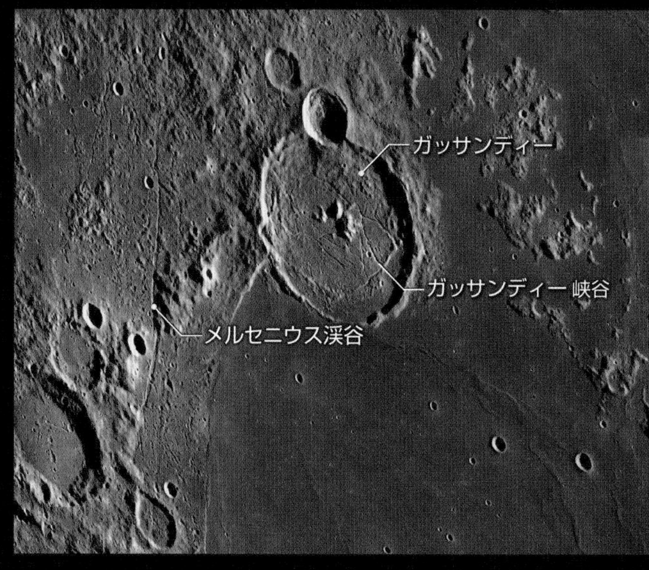

ガッサンディー(Gassendi)
「湿りの海」の縁にある、直径111kmのクレーターで、底には際立つ中央丘陵群とたくさんの溝が存在し、複雑な形状をしている。溝は「ガッサンディー峡谷(Rimae Gassendi)」と呼ばれる。

メルセニウス渓谷(Rimae Mersenius)
湿りの海の西側の縁に、240kmの長さにわたって続いている。

月齢15（十六日月）

Moon Age 15 (Full Moon)

満月の頃で、月面にほぼ正面から光が当たっているため、月面の地形にはほとんど影ができず、平坦な感じに見えます。満月では月の表側にある「海」や「入り江」、「沼」といった暗い模様の全容がわかります。そのほか、特に目立つクレーターの名称を記しました。

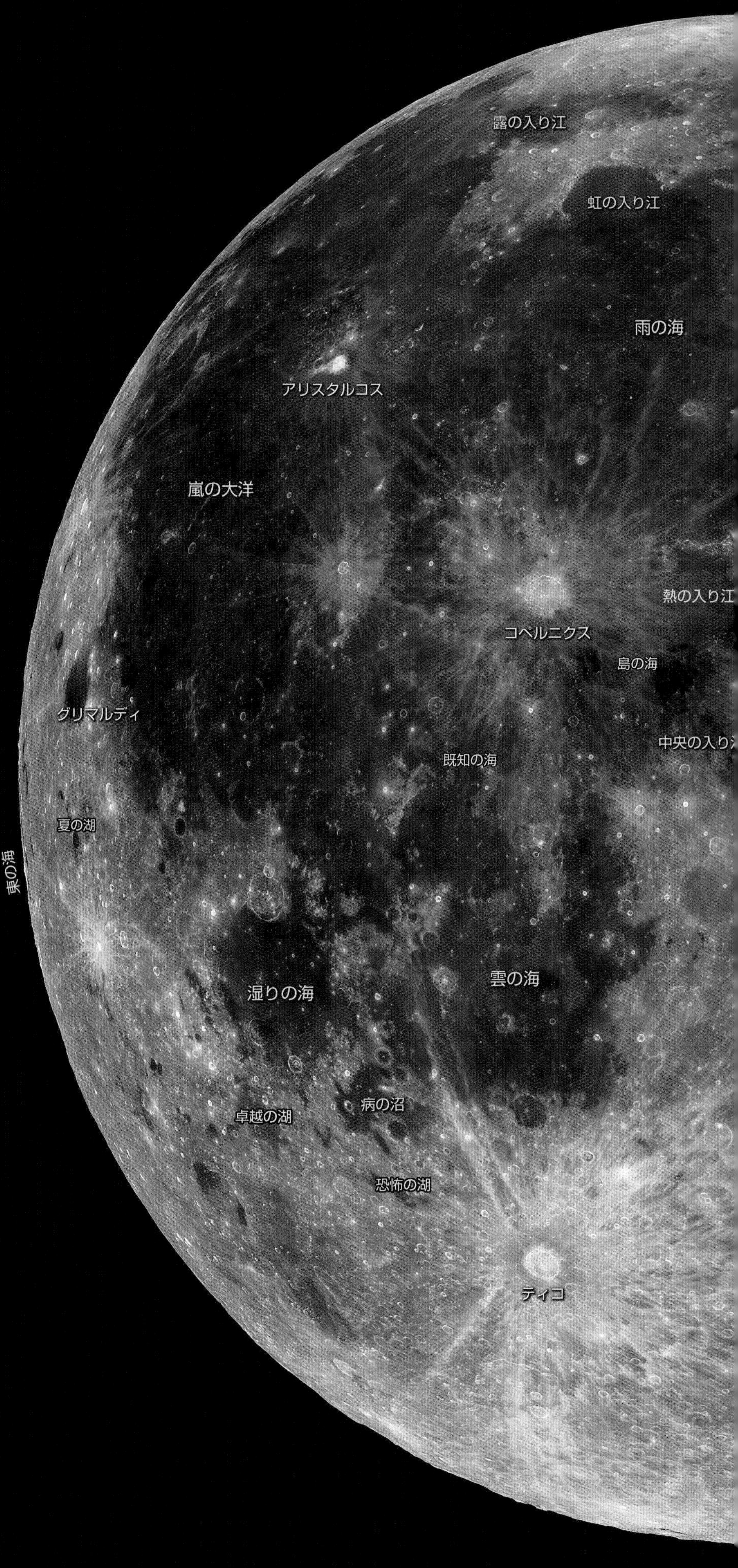

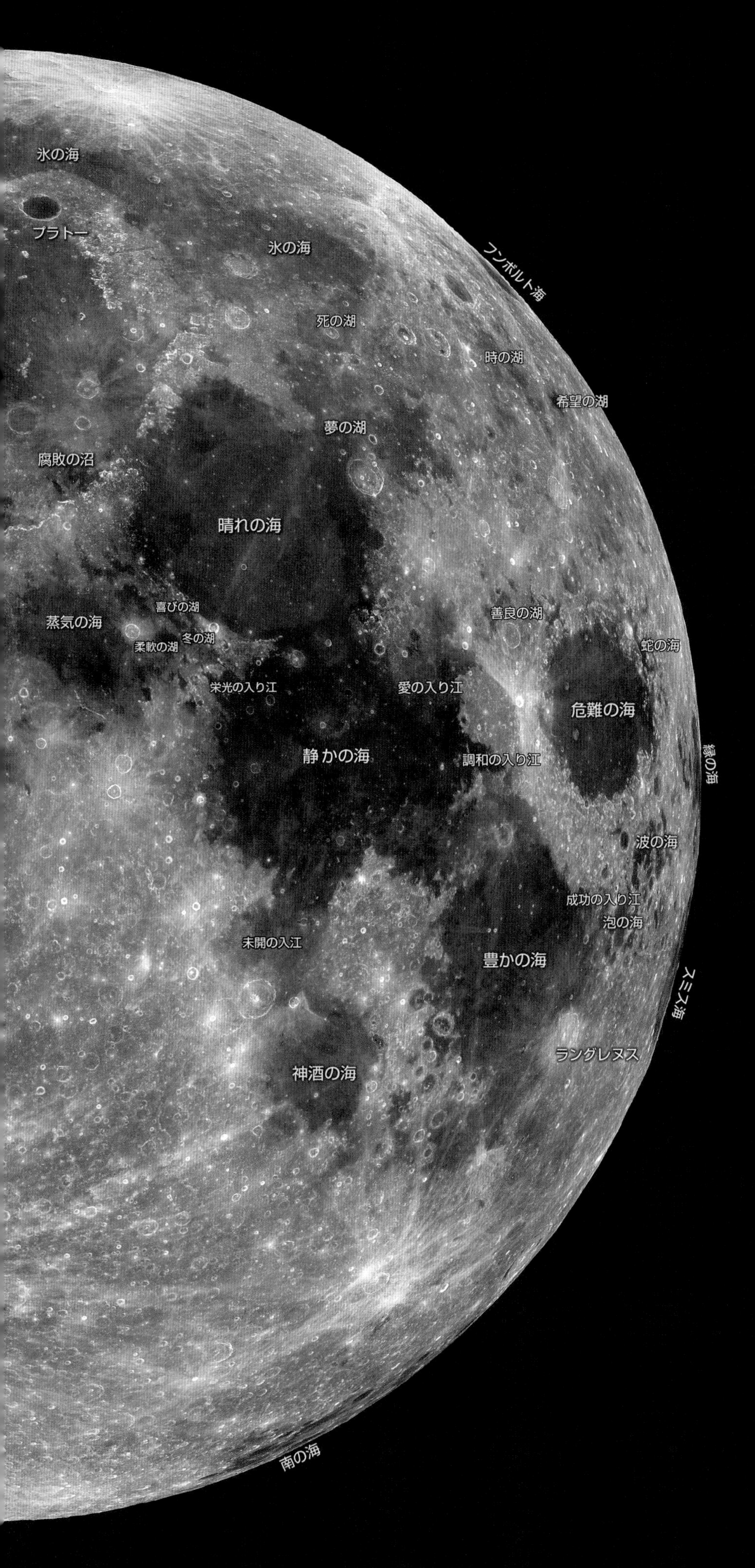

月齢15の観望

山脈や高地、クレーターに覆われた場所が明るく見えるのに対して、海や沼、入り江などは暗い色をしており、影のできない満月では、その違いがいちだんとよくわかります。月面最大の海「嵐の大洋」や、周囲をいくつもの山脈で包まれ最も形のはっきりした「雨の海」など、影がないことで、これら海の明るさの微妙な違いがわかります。また、多くの海の輪郭が円弧状をしており、大規模な天体衝突の痕跡であることを示唆しています。

月齢17（十八日月）

Moon Age 17

満月前とは異なり、太陽の光はこれまでとは逆の西（左）から当たり、影のできかたがこれまでとは反対になります。このため、同じクレーターでも見た印象が異なります。ほかの地形でもかなり様相が異なり、新たに注目されるような場所も少なくありません。

月齢−16　月齢−17　月齢−18

フィロラオス
プラトー
アリストテレス
カリッポス
雨の海
ポシドニウス
晴れの海
危難の海
コペルニクス
静かの海
豊かの海
テオフィルス
神酒の海
フラカストリウス
マウロリクス
ティコ
ムートス

月齢17の観望

この頃の欠け際は、三日月の頃に見えていた欠け際と共通しています。東の縁（見かけ上の西）近くが欠け際になり、太陽の光が斜めから当たってできる長い影が地形の凹凸を強調します。危難の海、豊かの海、神酒の海の内部の起伏、ポシドニウスなどの複雑なクレーター内部の観察にも適しています。また、月面中央の上のほうに見えるアルプス・コーカサス・アペニン山脈の全体がよくわかります。

カッシーニ（Cassini）
雨の海の縁にあり、内部が溶岩で満たされた直径57kmのクレーター。

コーカサス山脈（Montes Caucasus）
アルプス・コーカサス・アペニン山脈と続いて、雨の海の縁を形成している。また、コーカサス山脈は、晴れの海と雨の海の境界にある。最高峰は3600mほどで、全長444kmの山脈。

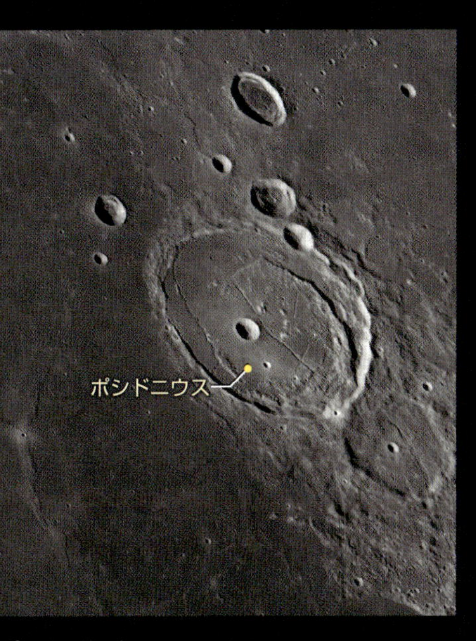

ポシドニウス（Posidonius）
晴れの海の東の縁にある直径95kmのクレーター。周壁が一部で二重になっており、底には深い谷が何本も走る。複雑な様相をしている。

神酒の海
（Mare Nectaris）
直径339kmの巨大なクレーターで、底は溶岩に覆われて平坦。溶岩の成分が異なるのか、所々色が違って見える。

マドラー（Mädler）
直径28kmで、やや不規則な形のクレーター。中央丘陵は低く、底にはしわ構造が存在する。

コロンブス（Colombo）
ほぼ丸い形をしているが、左上にできた新しいクレーターが周壁を少し破壊している。直径は79km。

ピレネー山脈
（Montes Pyrenaeus）
神酒の海の東の縁にある山脈で、全長251km、高さは2200mほど。

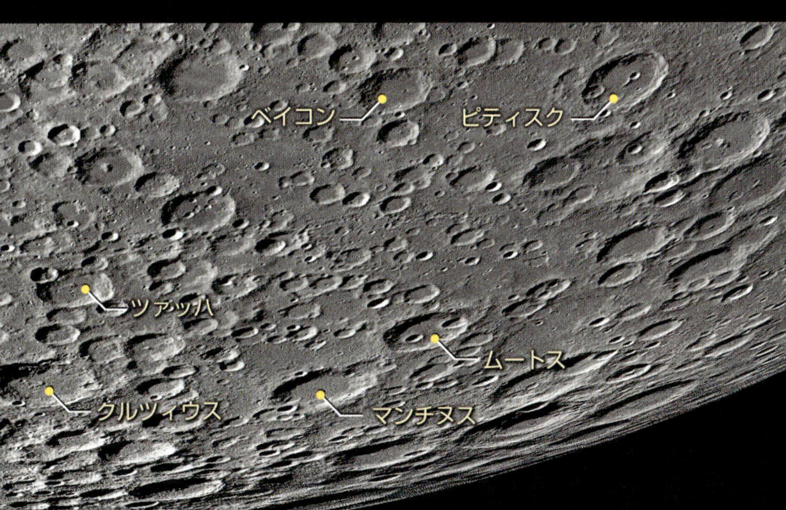

ピティスク（Pitiscus）
直径80km。底は溶岩で覆われているが、周壁の最高峰は3000mにも達する。

ツァッハ（Zach）
月面南部のクレーターが密集した領域にある、直径69kmのクレーター。歪んで見えるが、実際にはほぼ丸い。小さな4個のクレーターが縁を接している。

クルツィウス（Curtius）
直径99kmで、深さは6800mもある深いクレーター。

月齢20（二十一日月）

Moon Age 20

下弦が近くなるこの頃は、月齢5あたりと同じ欠け際のようすを観察することができます。この頃から、明るい側の広い面積を海が占めるようになり、クレーターに覆われた明るい部分の面積が少なく感じられます。

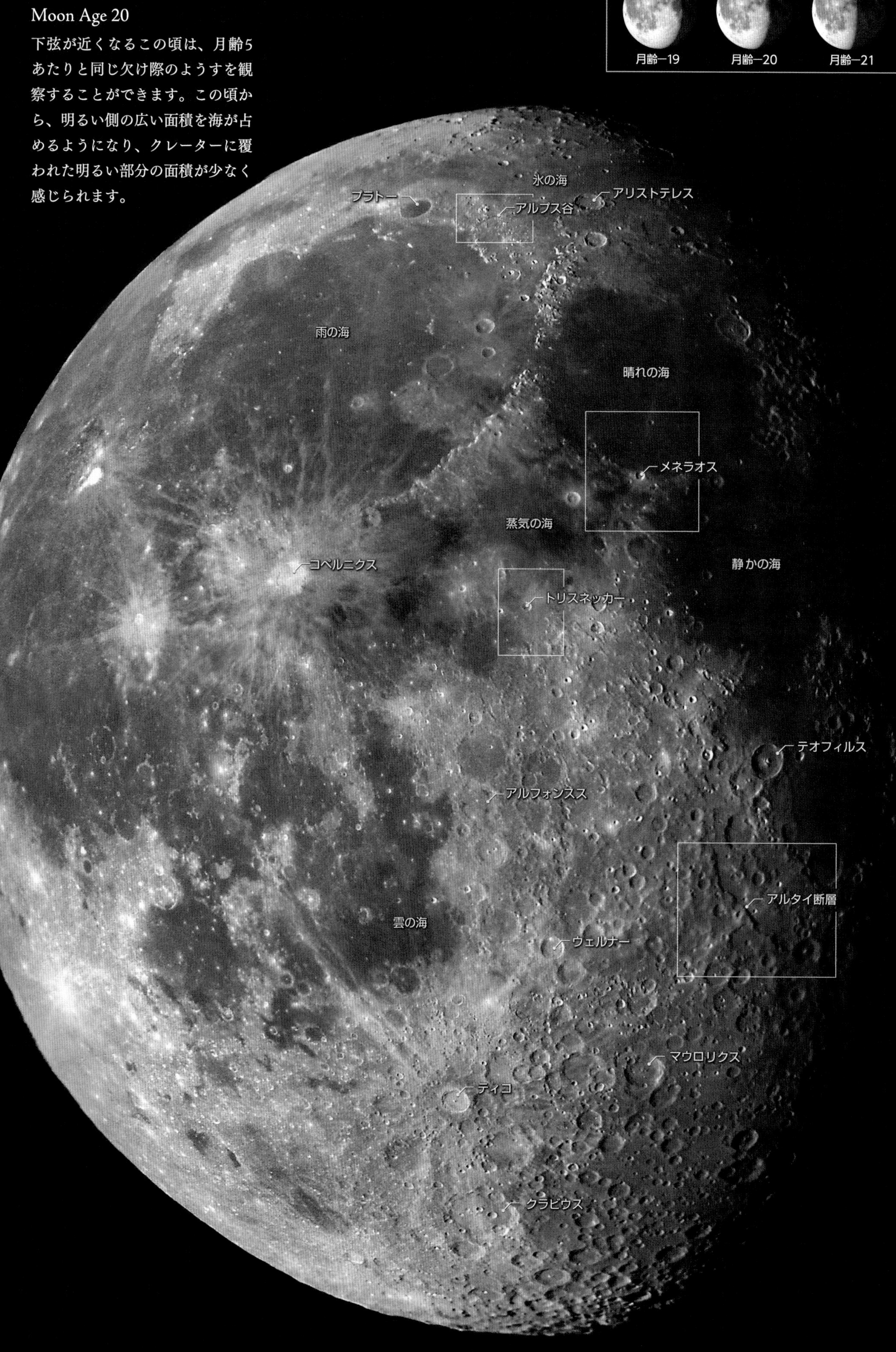

月齢20の観望

晴れの海や静かの海の起伏がよくわかる頃です。テオフィルスやアルタイ断層の影も長く、起伏がよくわかります。特にアルタイ断層は月齢5～6の頃に比べて目立つように感じます。月面地形の名所の1つであるアルプス谷、トリスネッカーの周りの微細な渓谷をとらえるチャンスです。アルプス谷の中央にはリル（小川）と呼ばれる細い渓谷があり、望遠鏡で見るときや画像撮影の際の高解像度の目安となっています。

アルプス谷(Vallis Alpes)
幅20km、長さ155km、深さ600mの地溝帯。剣の刃のような形の平坦な領域の中央を溝が走っている。その幅は500m～1km程度ある。

アルプス山脈(Montes Alpes)
全長334km、高さは1800～2400mの山脈で、雨の海の周壁を形づくる。

晴れの海
(Mare Serenitatis)
小惑星の破片が衝突して形成された直径674kmの海。表面の多くは玄武岩の溶岩で覆われている。

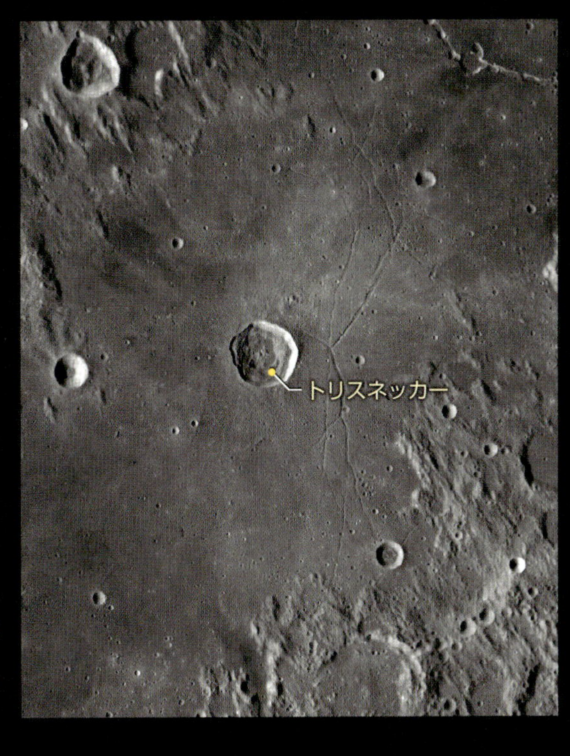

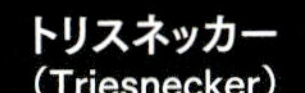

トリスネッカー
(Triesnecker)
直径25kmのクレーター。周辺には何本も刻まれた溝がある。それらは、幅1km以下の細いものばかりだ。

メネラオス(Menelaus)
晴れの海の縁にある直径27kmのクレーター。それほど大きくないが、太陽が真上から差すとき、とても明るく輝く。光条をもち、1本は晴れの海を横切り、ベッセル・クレーターの横を通過している（この光条は、メネラオスからではなく、ティコから伸びているという見方もある）。メネラオス・クレーターの北東には、メネラオス峡谷（Rimae Menelaus）と呼ばれる溝が存在する。

アルタイ断層(Rupes Altai)
月面で最も目につく断層。高さ1000mの崖が長さ427kmにわたって続く。この断崖の一方の端には、画像右下に見えるピッコロミニ・クレーターが位置する。月齢20の頃は長く不規則な太さの黒い線に、月齢5の頃は曲がりくねった白い線に見える。

月齢22（二十三日月）

Moon Age 22 (Third quarter)

下弦の月に相当します。上弦の月とは逆の方向が光って輝く半月です。下弦の月はだいたい夜半に東の地平線から昇ってきて、日の出の時刻にはほぼ真南に輝きます。大半を海に覆われた地形で、上弦に比べて暗い印象があります。

月齢22の観望

月をほぼ真ん中で切った欠け際です、これと逆方向の影で観察する場合は、上弦の月より月齢8～9が適しています。下弦の月ではプラトー、アルキメデス、中央火口列が一直線に連なっているのがわかり、南部のティコやクラビウスも起伏がよくわかります。直線の壁のそばにあるバート谷を見つけるチャンスです。

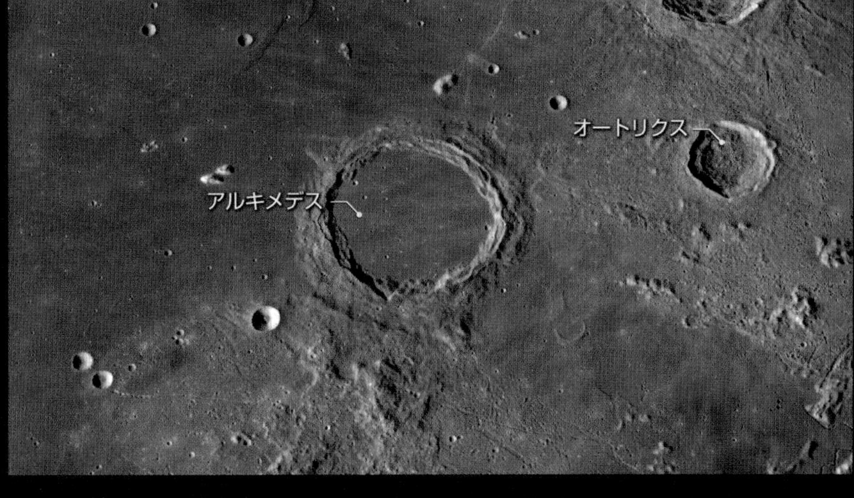

アルキメデス(Archimedes)
クレーターが大量の溶岩で埋められており、プラトー(p77)に似ている。底には明暗の縞模様が見える。直径は81kmで、周壁の高さは約2000m。

オートリクス(Autolycus)
直径39kmのクレーターで、周壁の高さは3400m。周壁の内側は段丘を形成している。

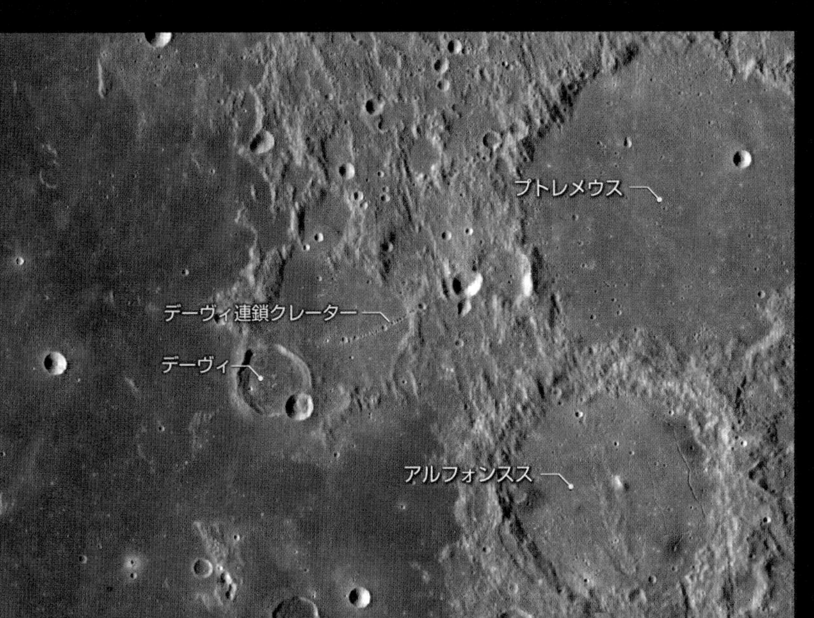

デーヴィ(Davy)
直径34km。周壁の高さは1400mしかなく、溶岩が底を覆い、いくつもの尾根が形成されている。

デーヴィ連鎖クレーター(Catena Davy)
デーヴィからプトレメウスに向かって、23個の直径1～3kmの小クレーターが52kmの長さにわたって鎖のように連なる。1個の隕石がとちゅうでバラバラに分裂して、次々に月面に衝突したものだと考えられている。

雲の海(Mare Nubium)
直径714.5kmの大型の海。古い地形のため、後にできたクレーターによって丸い形はかなり崩されている。底は玄武岩の溶岩で覆われ、比較的平らで暗い色を見せている。

バート谷(Rima Birt)
直径16kmですり鉢状のバート・クレーターのすぐ脇から直線の壁に平行に走る。全長約50km、幅は1500mほど。月面近くまでマグマが上昇し、表面を押し広げてできたと考えられている。

直線の壁(Rupes Recta)
上弦過ぎの月齢9くらいのときは黒い筋に、下弦のときは白い筋に見える。「雲の海」の中央を走る断層で、長さは116km、高さは300m。

ピタトス(Pitatus)
直径101km、底は玄武岩の溶岩で埋められ、周壁の高さは900mほどしかない。底にはひび割れが見られる。ここは内部から溶岩が湧き出した場所である。

ヘシオドスA(Hesiodus A)
ピタトスのすぐ東、直径43kmの半分消えかけたクレーターがヘシオドスで、そのすぐ左下の完璧な同心円の二重クレーターが「ヘシオドスA」。直径は14km。

ウァルツェルヴァウワー(Wurzelbauer)
直径88kmの幻クレーター。クレーターは溶岩によって埋められ、低い尾根を形成しているだけ。底には周壁より低い尾根が複雑に交差している。

ガウリクス(Gauricus)
周壁が厚く、なだらかな丘のようになっている。直径は80km。底は、溶岩に覆われ比較的平坦だ。

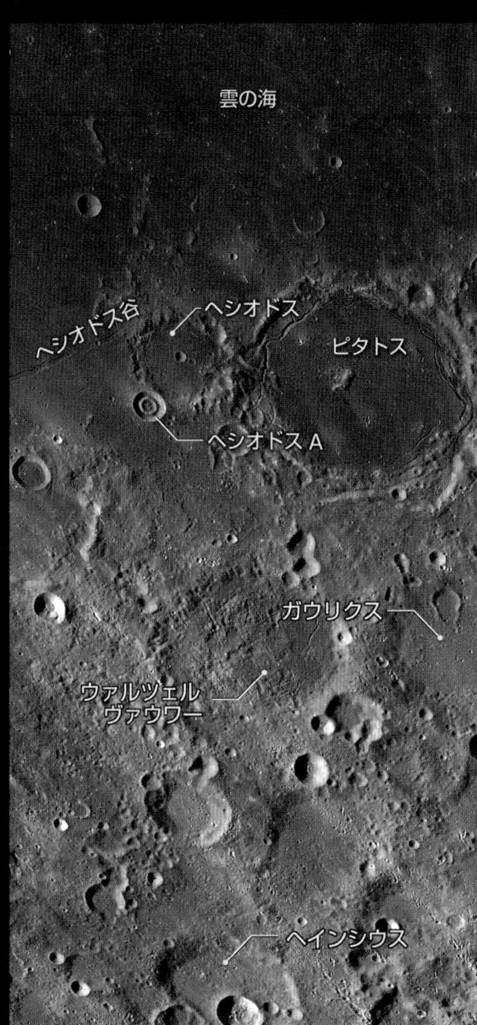

月齢24（二十五日月）

Moon Age 24

夜半過ぎに昇ってくる月です。この頃の月は、夜よりも日の出後や午前中の澄み切った空高く輝いているようすを目にすることが多いでしょう。嵐の大洋を中心として暗い海が表面を覆い、暗い印象を与えます。

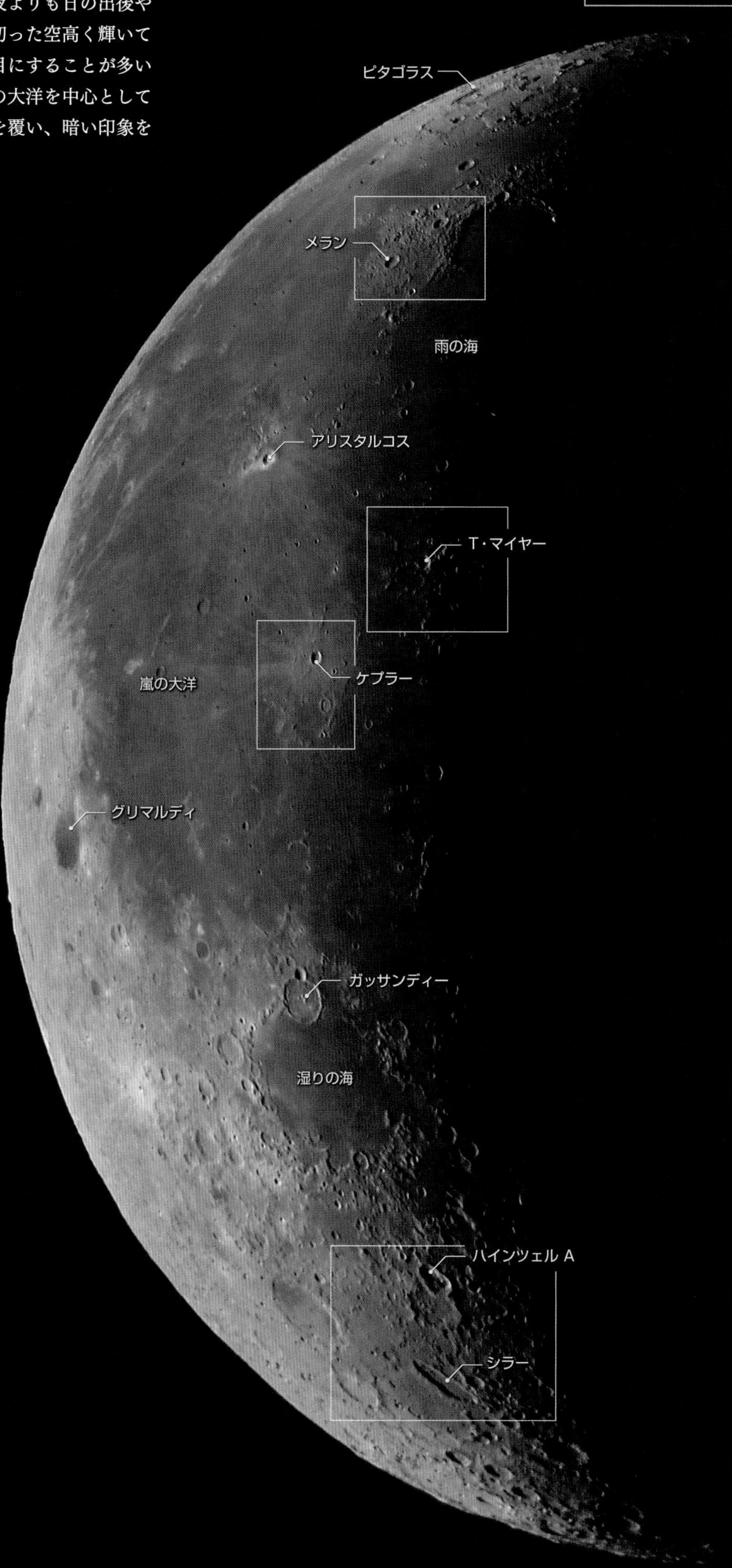

月齢24の観望

虹の入り江が欠け際にあり、その西（見かけの東）の広い部分を嵐の大洋が覆っています。この暗い海の中で、ケプラーやアリスタルコスといったレイクレーター(周りに放射状の白い「光条：レイ構造」が見られるクレーター）が目立ちます。特にアリスタルコスはこの頃が観察の好期です。

シャープ谷(Rima Sharp)
嵐の大洋の東の縁にある谷で、全長は277km。

メラン(Mairan)
ジュラ山脈にある直径39kmのクレーター。周壁はみごとな段丘を形成し、高さが底から3400mもある、深いクレーター。

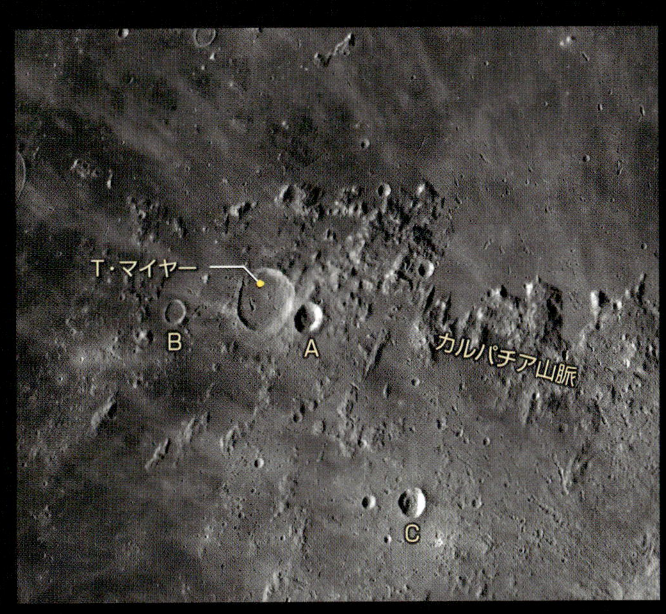

T・マイヤー(T. Mayer)
直径33kmのお椀型のクレーター。底にはいくつかのクレーターが集まり、くっきりと刻まれている。

カルパチア山脈
(Montes Carpatus)
雨の海の南側の周壁に当たる全長334kmの山々。標高は800〜2000m。低いところの一部は、雨の海から流れ込んだ溶岩に埋没している。

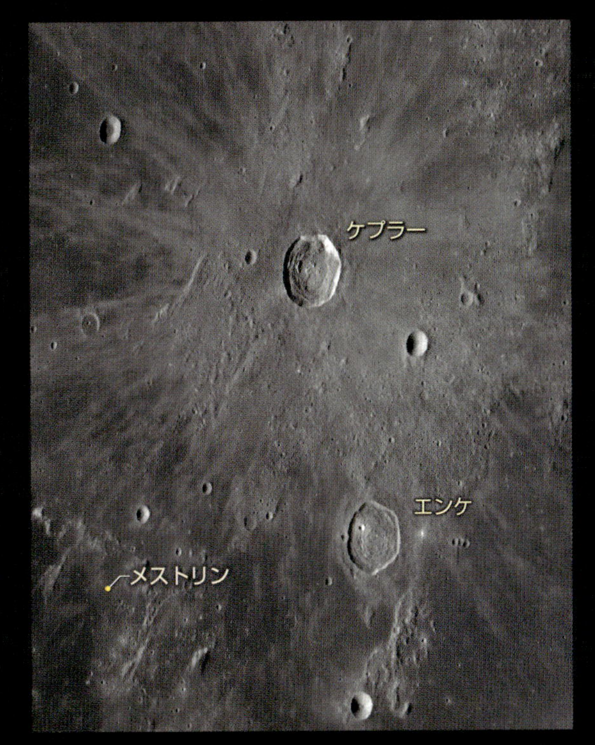

ケプラー(Kepler)
嵐の大洋内の緩やかな丘陵地帯にある。直径29km、周壁の高さは2600mとあまり大きくないクレーターだが、満月の頃には、ここから光条が300km以上にわたって放射状に伸び、目を奪う。

エンケ(Encke)
直径28kmだが、周壁は800mほどの高さしかない。形は六角形に歪んでおり、底は一部ケプラーの光条をつくる物質に覆われている。でこぼこしていて、尾根や溝がたくさん存在する。

ハインツェル(Hainzel)
直径71kmの巨大なハインツェルに、直径56kmのハインツェルAと直径31kmのハインツェルCが隣り合って重なっている。

シラー(Schiller)
細長く奇妙な形の巨大クレーター。大きさは179×71km。複数個のクレーターが合体し、複雑な形のクレーターを形成している。底は概ね平坦だが、左上方向に2つの尾根が見えている。

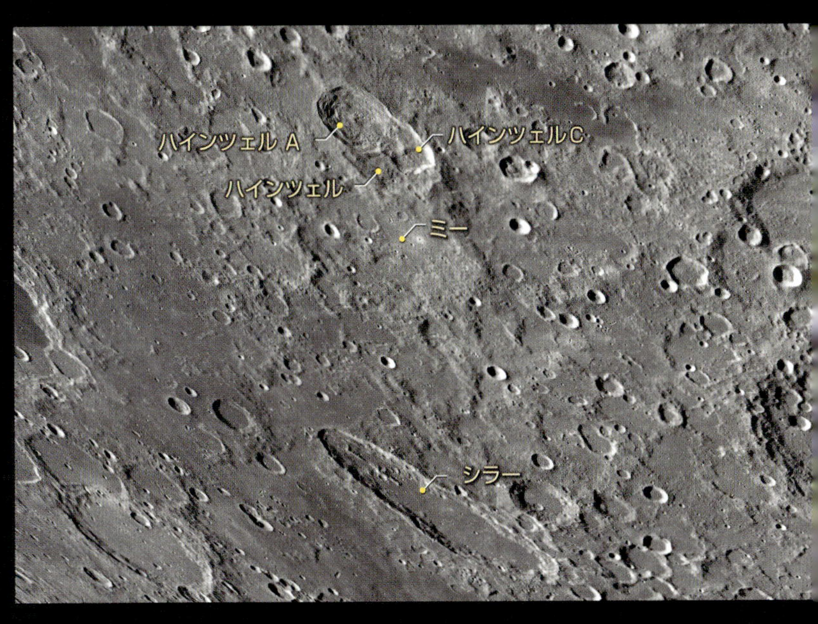

月齢26（二十七日月）

Moon Age 26

明け方の東の空に見える三日月状の月。三日月は右側が弓状に輝きますが、この月齢の月は左側が輝きます。ちょうど月齢4の月と同じくらいの太さですが、海の面積が大きいためか、月齢4の月に比べて暗く見えます。

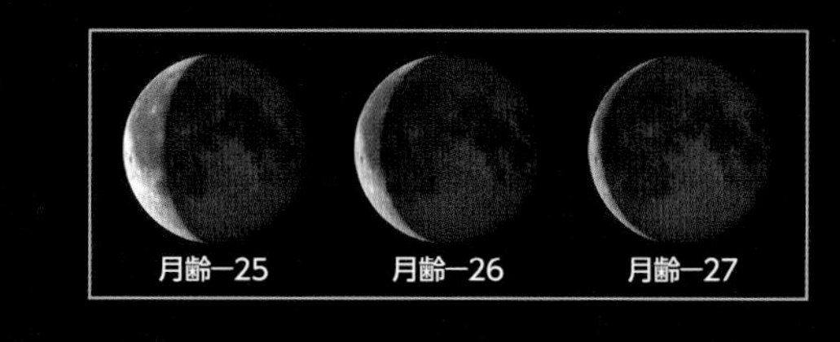

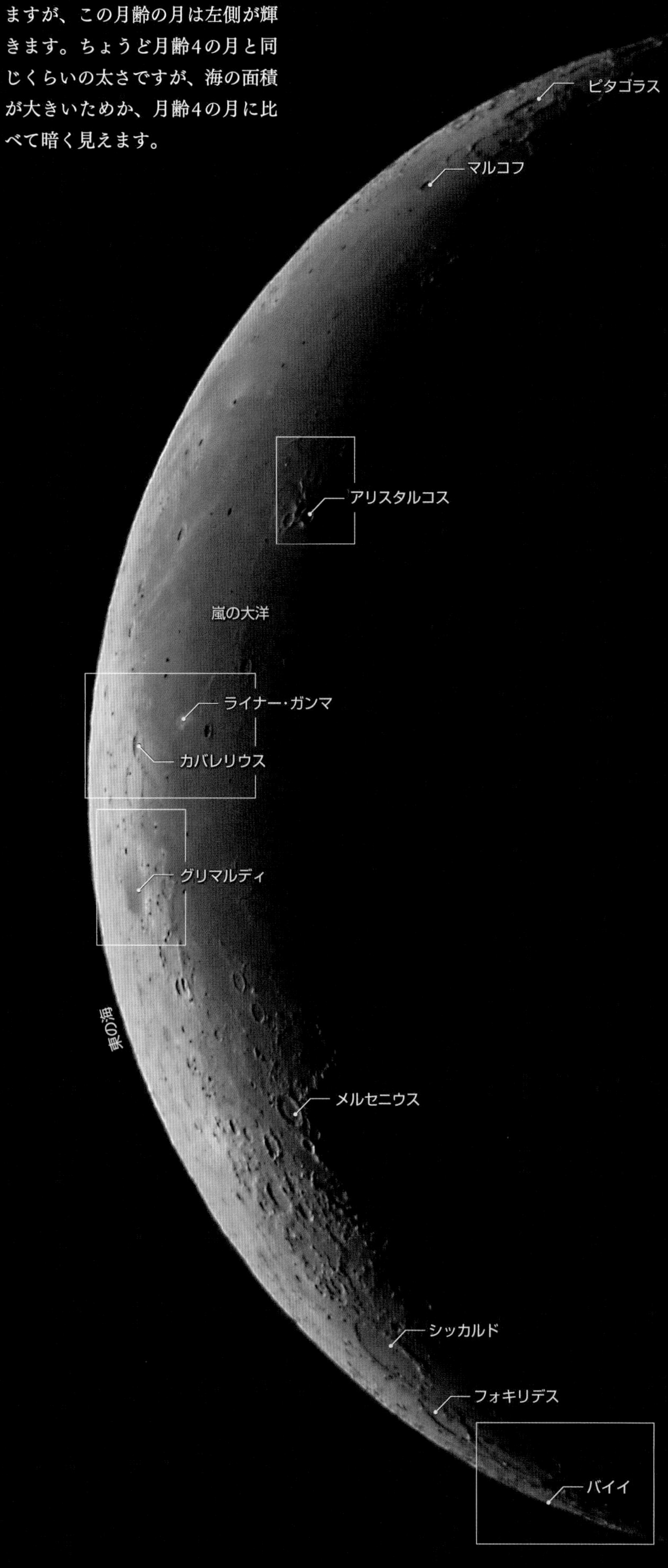

月齢26の観望

月面一明るく輝くアリスタルコスが欠け際にありますが、この頃のアリスタルコスは暗く、存在感が薄くなります。月齢13の頃の明るいアリスタルコスと比較してみてください。また、グリマルディ、シッカルト、バイイといった巨大クレーターに注目です。グリマルディは173km、シッカルドは212km、バイイは301kmの大きさです。縁の近くにあるため細長く歪んで見えますが、もし正面から見えたら雄壮な眺めとなるはずです。

クリーガー(Krieger)
嵐の大洋の中にある直径23kmのクレーター。周壁の形は丸くなく歪んでいて、1か所がとぎれて溝が外へ向かって伸びている。

プリンツ(Prinz)
クレーター内に溶岩があふれ、周壁の一部が埋没した直径46kmのクレーター。そのすぐ北から約80kmにわたってプリンツ峡谷（Rimae Prinz）が刻まれている。

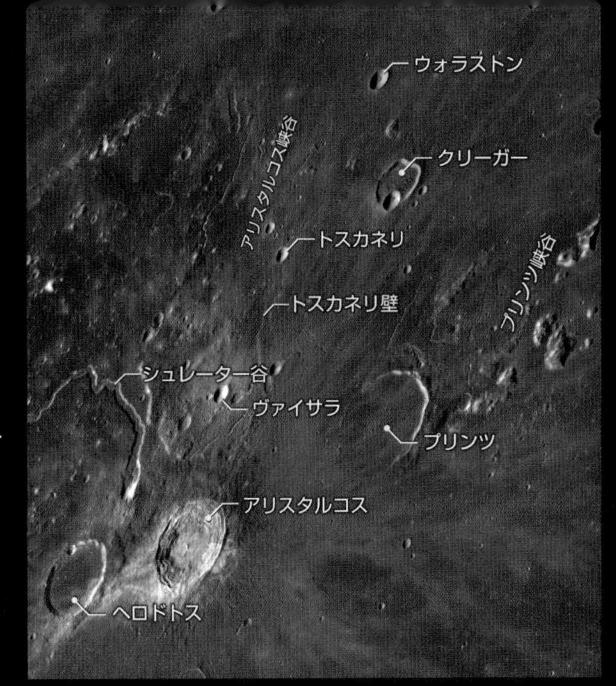

グリマルディ(Grimaldi)
月の西の縁近くに存在する直径173kmの巨大な盆地。海のようにクレーターの周壁は存在せず、丘や尾根、山が連なって周囲を取り巻いている。海と同様に玄武岩で覆われている。

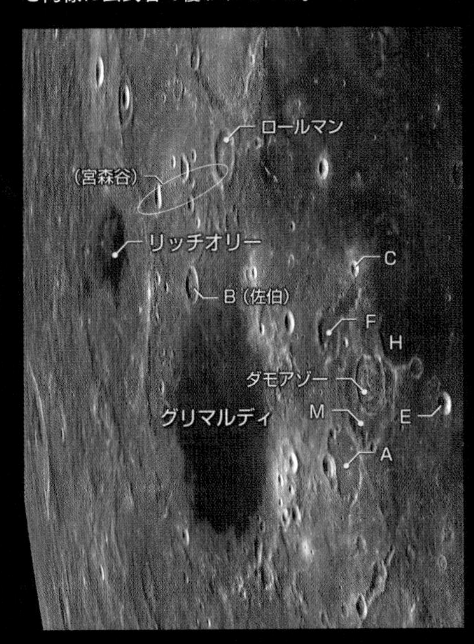

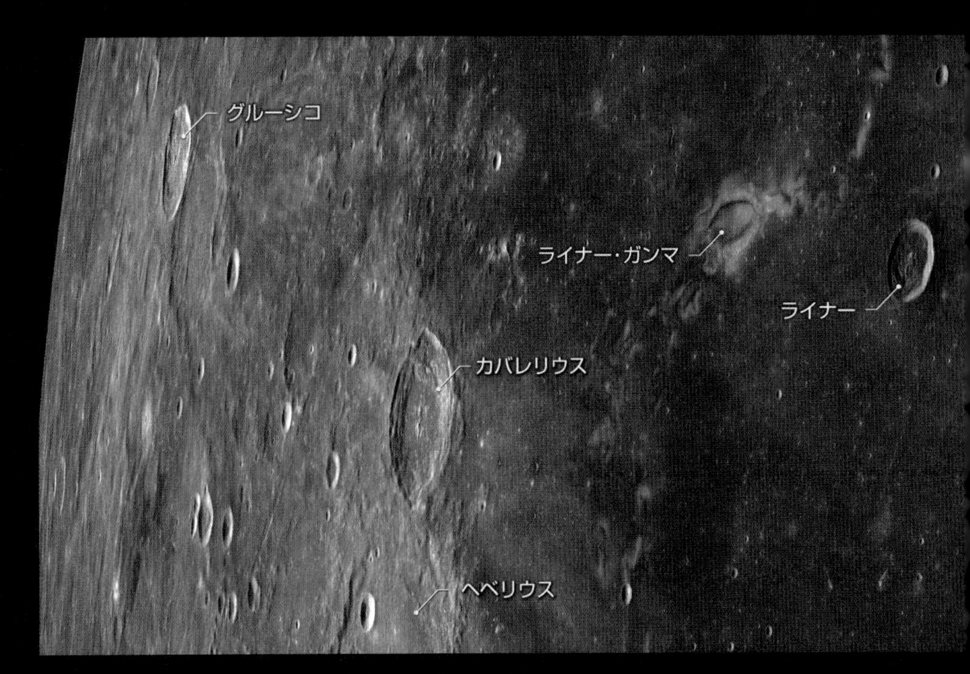

カバレリウス(Cavalerius)
直径59km、3000mの高さの周壁があるクレーター。月の縁近くにあるために歪んで見えるが、アーモンドのような形に見えているのは、周壁の北と南の部分に裂け目があるため。

ズッキウス(Zucchius)
月の南西の縁近くにある、形のはっきりしたクレーター。直径は63kmで、周壁の高さは3200mあり、内側は幅広い段丘状になっている。

バイイ(Bailly)
南西の縁近くにあるため詳細な姿がわかりにくいが、直径が301kmもある巨大なクレーターで、月面では最大のクレーターである。

シャイナー(Scheiner)
直径110km、周壁の高さは4500mの大型クレーター。内部に小クレーターがくっきり刻まれ、印象的な外形を形づくる。左から右へ尾根が続いてクレーターの底を2分している。

ライナー(Reiner)
直径30km。底は段丘が続き、中央丘陵が目立つ。周壁の外側にも小高い丘が15kmほど続く。左にあるライナー・ガンマ（Reiner Gamma）は、明るい色の物質がクレーター内部とその周囲に広がっている。

月齢28（二十九日月）

Moon Age 28 (Waning crescent)

明け方の東の空低く見られる非常に細い月で、空がすぐに明るくなるため、明瞭に地形を観察できる時間はあまりありません。月齢2の月同様「猫の爪でひっかいたような」と形容されます。

月齢28の観望

この頃の月は暗い空で観察できる時間が短く高度も低いため、厳しい観察条件を伴います。また、細い範囲で地形の同定をするのがとても難しくなります。これと同じ地形を逆の影で観察するなら、満月前の月齢13の頃が適しています。秤動によって、縁の地形の見え方が大きく変化する場所でもあります。条件がよければ、グリマルディの左下の縁に東の海（オリエンタルベイスン）の一部を確認できるかもしれません。

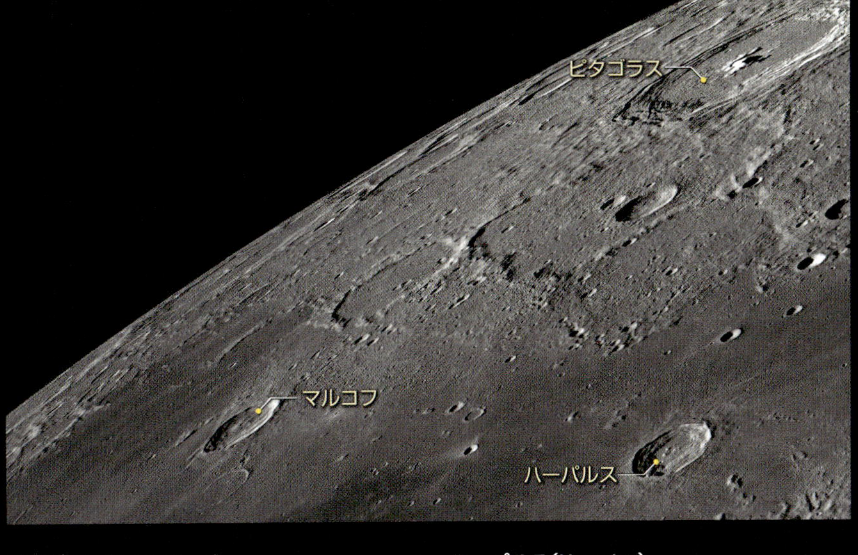

ピタゴラス(Pythagoras)
月の北西部の縁近くにある直径145kmのクレーターで、周壁の高さは5000mもある。周壁内部は段丘を形成しており、外側にもわずかに丘が続く。底は平坦だが、不規則な形の丘状の構造がある。クレーター中央には中央丘陵群が目立つ。

ハーパルス(Harpalus)
直径40km、周壁約2900mの、深く形のはっきりしたクレーター。月の縁近くにあるためわかりにくいが、クレーターの縁は円形ではなく六角形に近い。

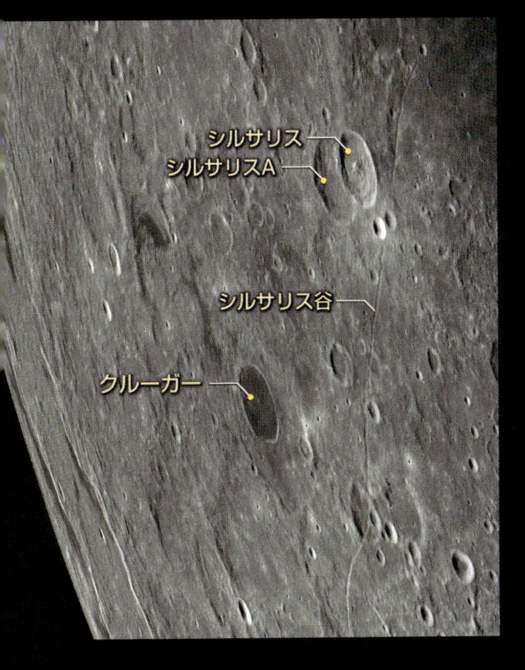

シルサリス(Sirsalis)
比較的若いクレーターで、直径は44km、周壁の高さは3000m。そのすぐ左隣にあるのがシルサリスAで、シルサリスよりやや大きく、古い。シルサリスはシルサリスAと一部重なっている。シルサリスのすぐ右から下へ、細く長い谷が存在する。月面最長のシルサリス谷（Rimae Sirsalis）で、長さは405km。

クルーガー(Cruger)
直径46kmで、周壁は500mととても低い。クレーター内は玄武岩質の溶岩に埋めつくされ、平坦で暗い色をしている。

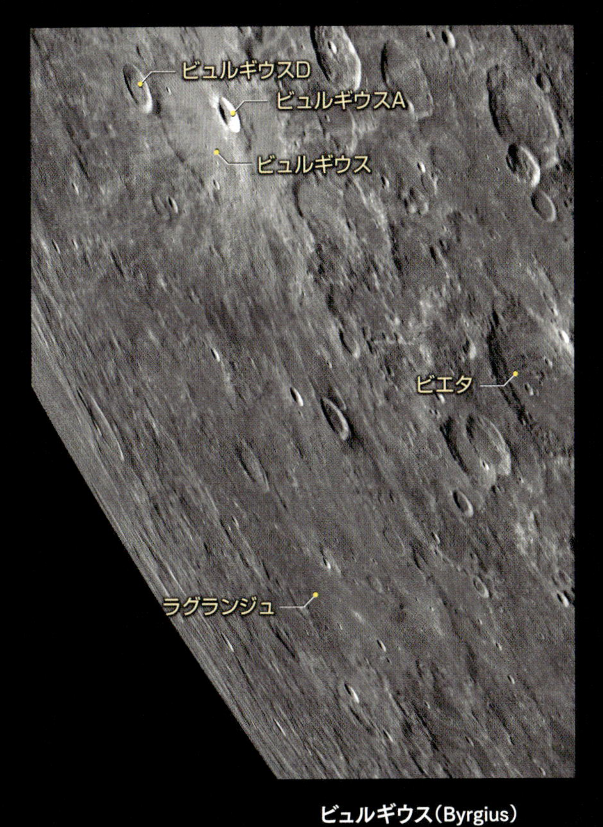

ビュルギウス(Byrgius)
直径84km、周壁の高さは4600mの大きなクレーター。左上に重なっているのはビュルギウスD、右はビュルギウスA。ビュルギウスAは光条を放っている。

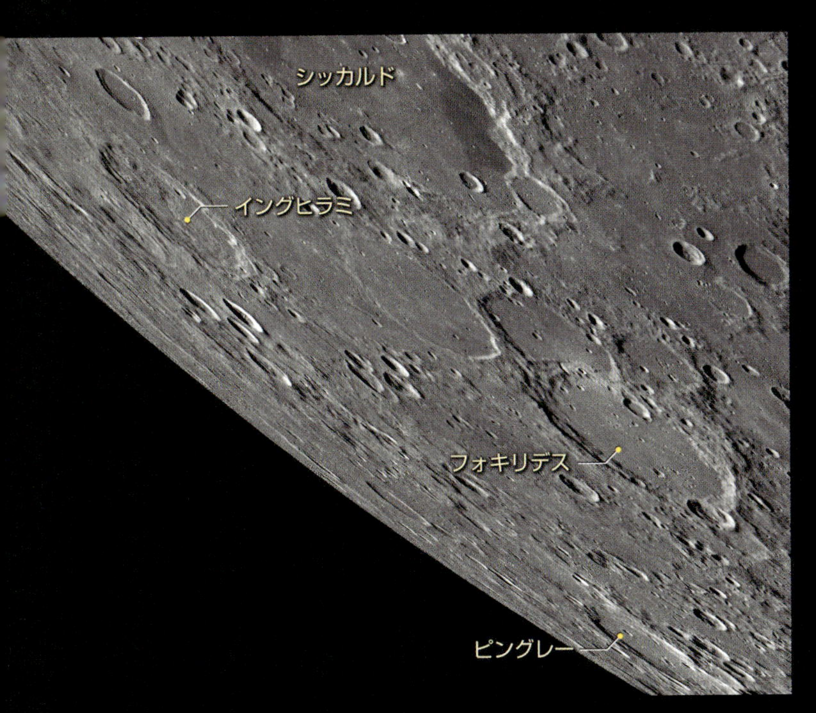

イングヒラミ(Inghirami)
直径95kmの大きなクレーター。周壁や底にはたくさんの尾根や谷があるが、これらは近くにある東の海から放出された物質によって形成されたと考えられている。

フォキリデス(Phocylides)
直径115kmの巨大クレーター。底は溶岩に覆われていて、比較的平坦。

ピングレー(PingrNi)
直径88kmのクレーター。周壁は2300mの高さがあるが、シャープではなく、丘のように丸みを帯びた形となっている。

第3章
Chapter Three

月世界
The Moon

第1章では、地球上での景観として捉え、また、さまざまな天文イベントとのかかわりを見てきました。第2章では、望遠鏡による多彩で変化に富んだ月面のようすを月齢に沿ってたどってきました。本章では、さらに近距離から捉えた「月世界」の実像に迫ってみたいと思います。一見、灰色の死の世界と思われていた情景は一変し、多彩な地形が広がり、過去に起こったさまざまな激変の痕跡に目を見張ることでしょう。

本章の画像のほとんどは、NASAの月探査機ルナー・リコネサンス・オービター（LRO）が月の周回軌道上から撮影したものです。2009年、月の周りを回る軌道に乗ったLROは、今もなお撮影を継続し、最も接近できたときには約50cmの解像度で月の表面を撮影することができます。高低差を精測したデータからは、非常に精度の高い3次元データが生成されています。

月の表と裏

Near Side and Far Side

月の自転周期と公転周期が同じであり、月は地球に同じ面を向けていることは第2章の冒頭に紹介しました。常に地球に向いている面を「月の表」、地球からは見えない半面を「月の裏」と呼びます。この表と裏では、見た目の様相がまったく異なります。表には暗く平坦な海がたくさん見られますが、裏にはほとんどなく、ほぼ全面がクレーターに覆われています。実は、最近の研究により、表と裏の違いは見た目だけではなく、構造にもあることがわかっています。表に比べて裏は岩石でできた地殻が厚く、このため、月の形から求められた中心に対して、重心が約2kmも表側にずれていました。

月面座標

Selenographic Coordinates

地球には、緯度・経度という座標が定められています。地球は、串に刺さった団子にたとえることができ、串を立てて回したときのように自転軸を中心に1日1回転しています。串が自転軸です。自転軸が地表にぶつかる場所が2か所あり、それが北極と南極です。北極と南極から90°にある点をつないだところが赤道です。緯度は赤道に平行な線で表し、赤道は緯度0°、北極は北緯90度（90°N）、南極は南緯90°（90°S）です。

一方、北極と南極を結び、赤道に垂直な線が経線で、基準となる経度0°線（イギリスのグリニッジ天文台を通る線）から東回りに0°～180°まで測った値を東経（●°E）といい、西回りに測った値を西経（●°W）と表します。

同じように月面にも緯度経度が定められています。当初、月の北極も南極もおおよその位置しかわからなかったため、地球から見える中心を緯度0°、経度0°と定めました。しかし、近年、月面の正確な位置測定が行われるようになり、メスティングAクレーターを基準とし、3°12′43.2″S、5°12′39.6″Wと定めています。

※間違いやすいのは、私たちから見る西の方向が、月の東になるわけで、東西の表示が逆であることに注意しなければなりません。南北の方向は同じです。

月の自転と経度

Moon's Rotation and Longitude

月は北極上空から見ると、反時計回りに約29.5日で1回自転（360°回転）しています。地球を離れて宇宙空間から見ると、月が図の右から左へと回転していくのを見ることができます。赤い横線は赤道、青色の太い縦線は経度0°の線です。下の数字は月面の中央に見える経度（東回りに0°から300°）を示しています。

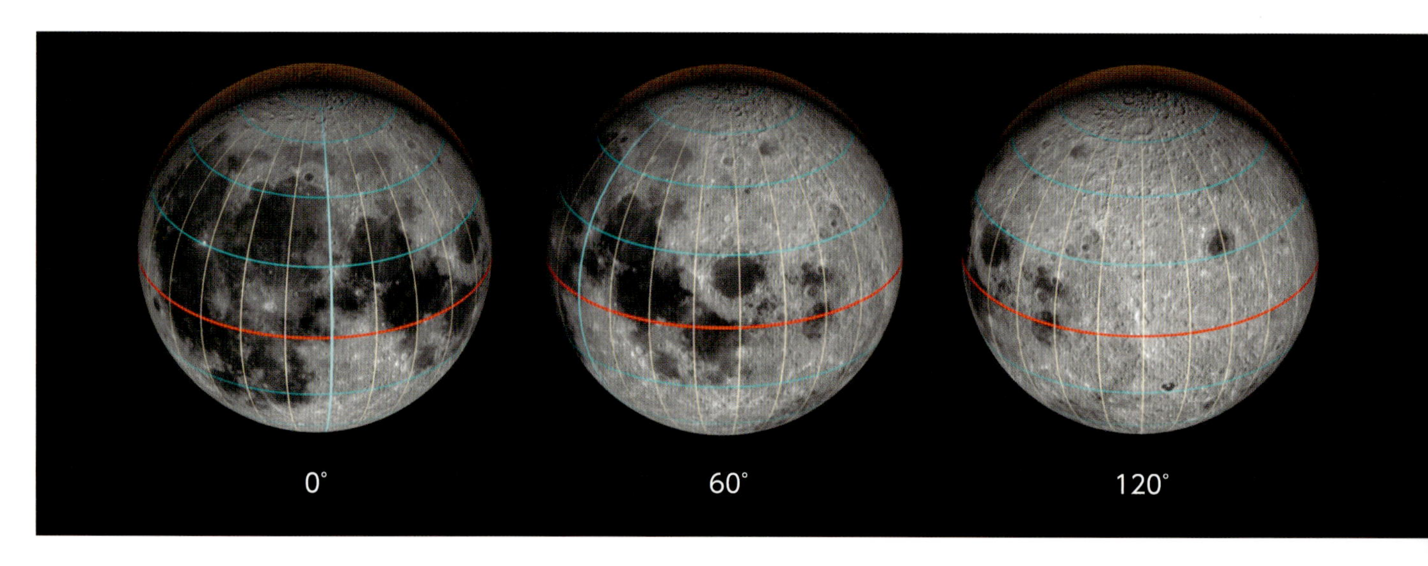

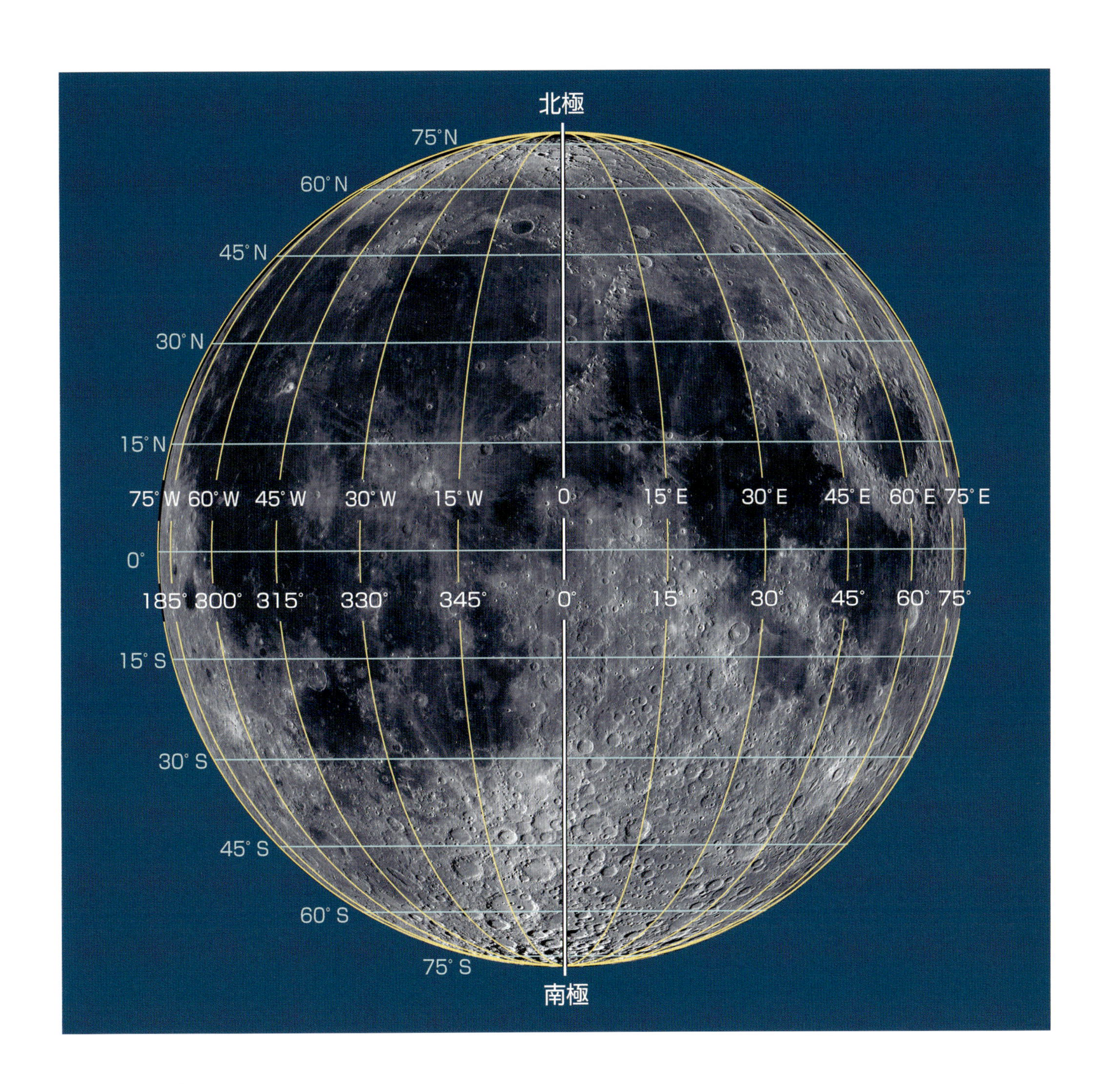
北極
75° N
60° N
45° N
30° N
15° N
75° W 60° W 45° W 30° W 15° W 0 15° E 30° E 45° E 60° E 75° E
0°
185° 300° 315° 330° 345° 0° 15° 30° 45° 60° 75°
15° S
30° S
45° S
60° S
75° S
南極

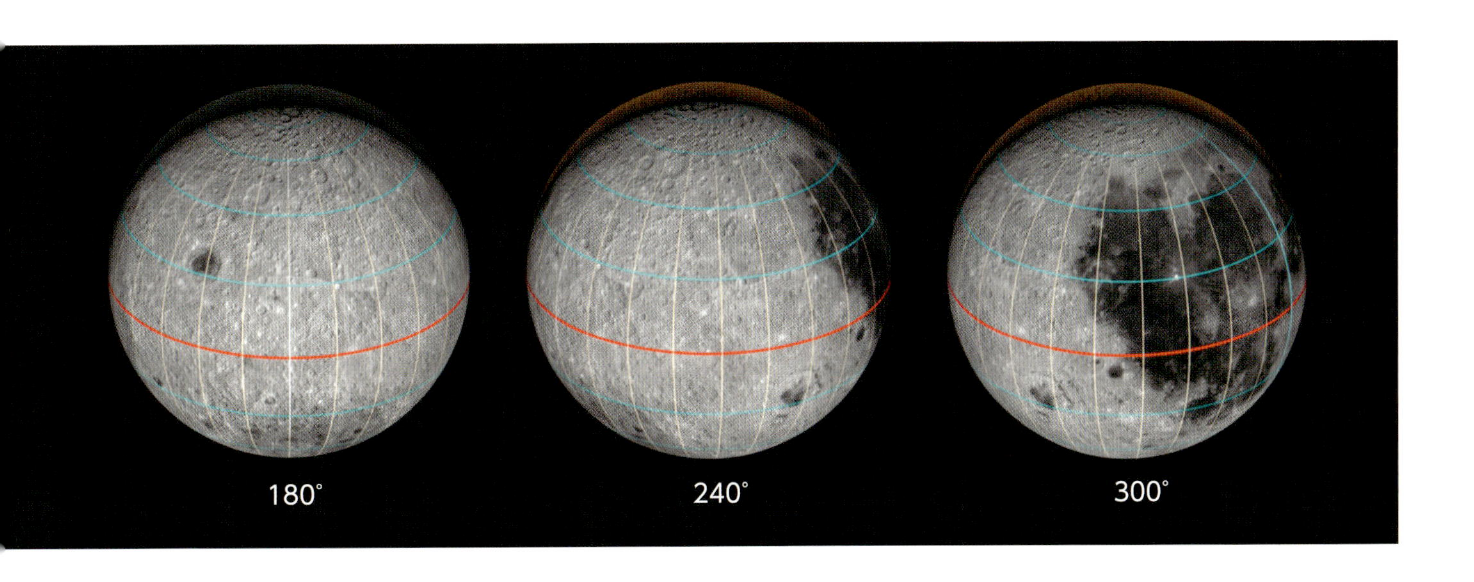
180°
240°
300°

中央経度0°

Longitude 0°

経度0°の線が月面中央を上下に通過しています。これは私たちが目にする月です。平坦で暗い色の「海」と、起伏の激しい明るい色の「高地」が存在します。いくつかの主なクレーターや海の名前を入れました。地球から見ると細長く見える月の縁付近の地形が、異なる中央経度の図では形が違って見えることがわかります。

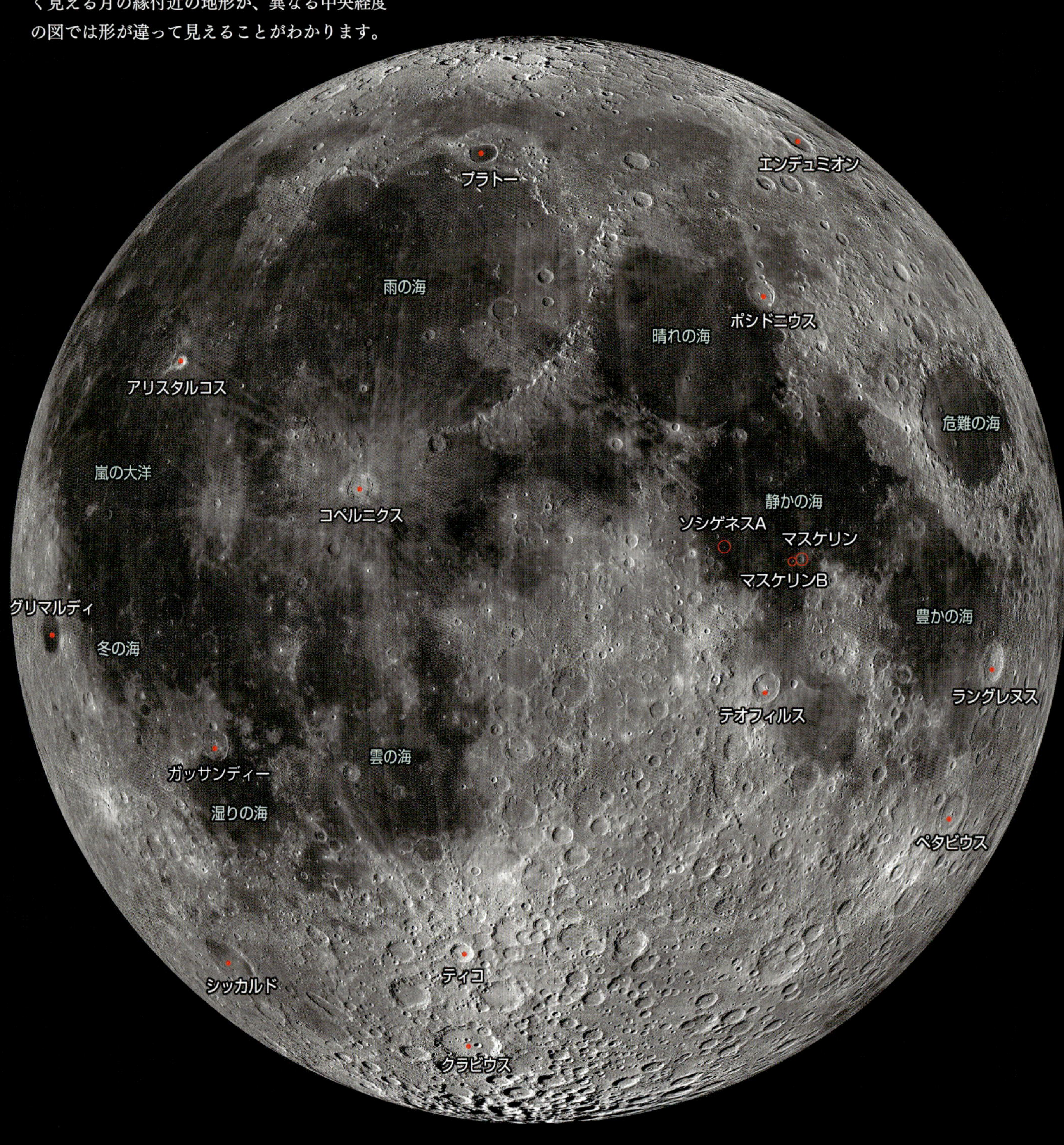

中央経度60°

Longitude 60°

経度60°の線が月面中央を上下に通過しており、危難の海がほぼ中央に見えます。地球から見ると縦長の海が実は横長の地形であることがわかります。中央より東（右）に位置するスミス海やフンボルト・クレーターは秤動がうまく影響した場合にだけ地球から見ることのできる地形です。

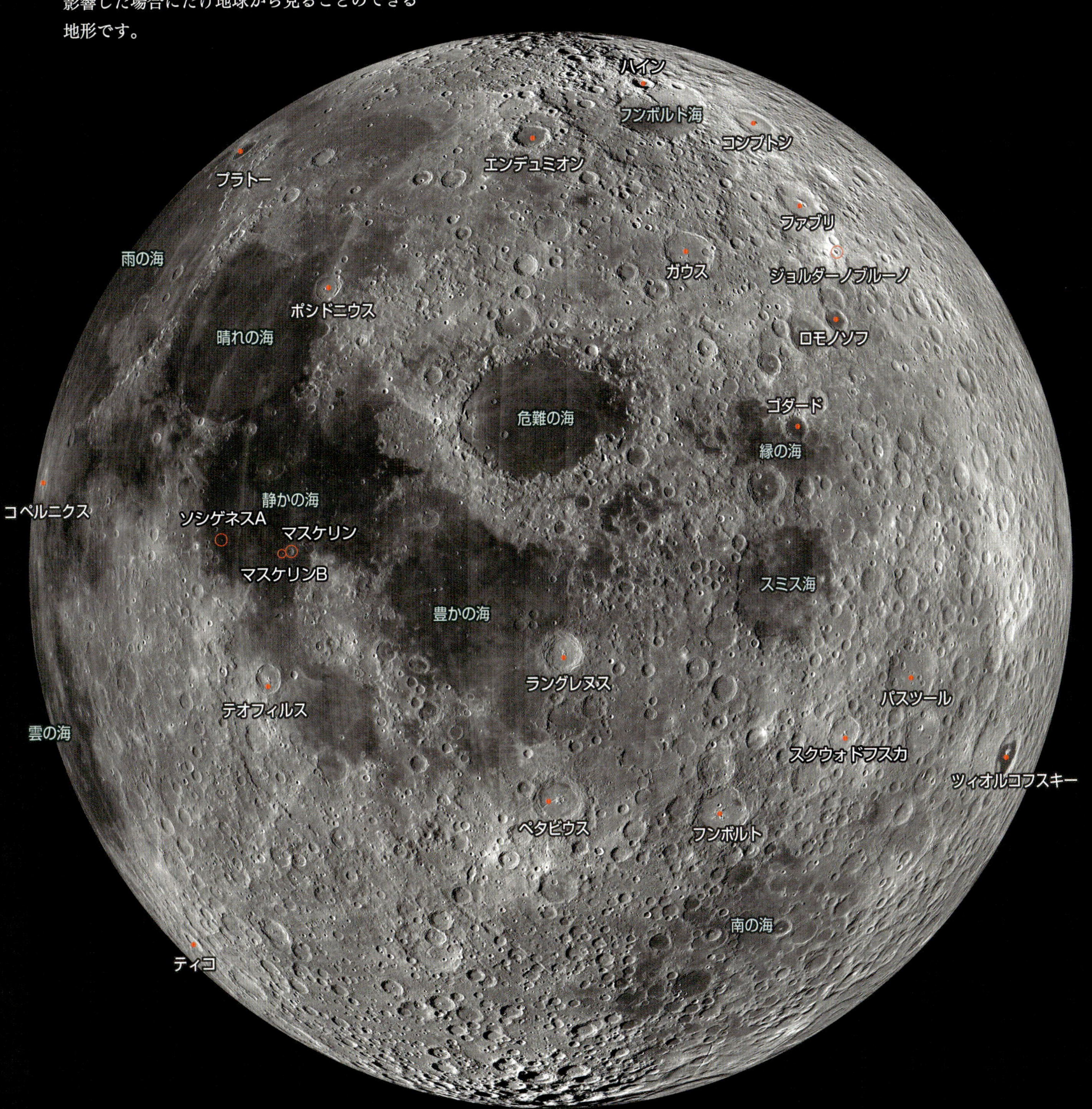

中央経度120°

Longitude 120°

経度120°の線が月面中央を上下に通過しています。暗い海の領域が少なくなりクレーターに覆われた地形が多くなります。中央やや下にある、逆三角形の暗い底があるゆがんだ形のクレーター・ツィオルコフスキーや、右上にある二重の周壁があるモスクワの海などが目につきます。

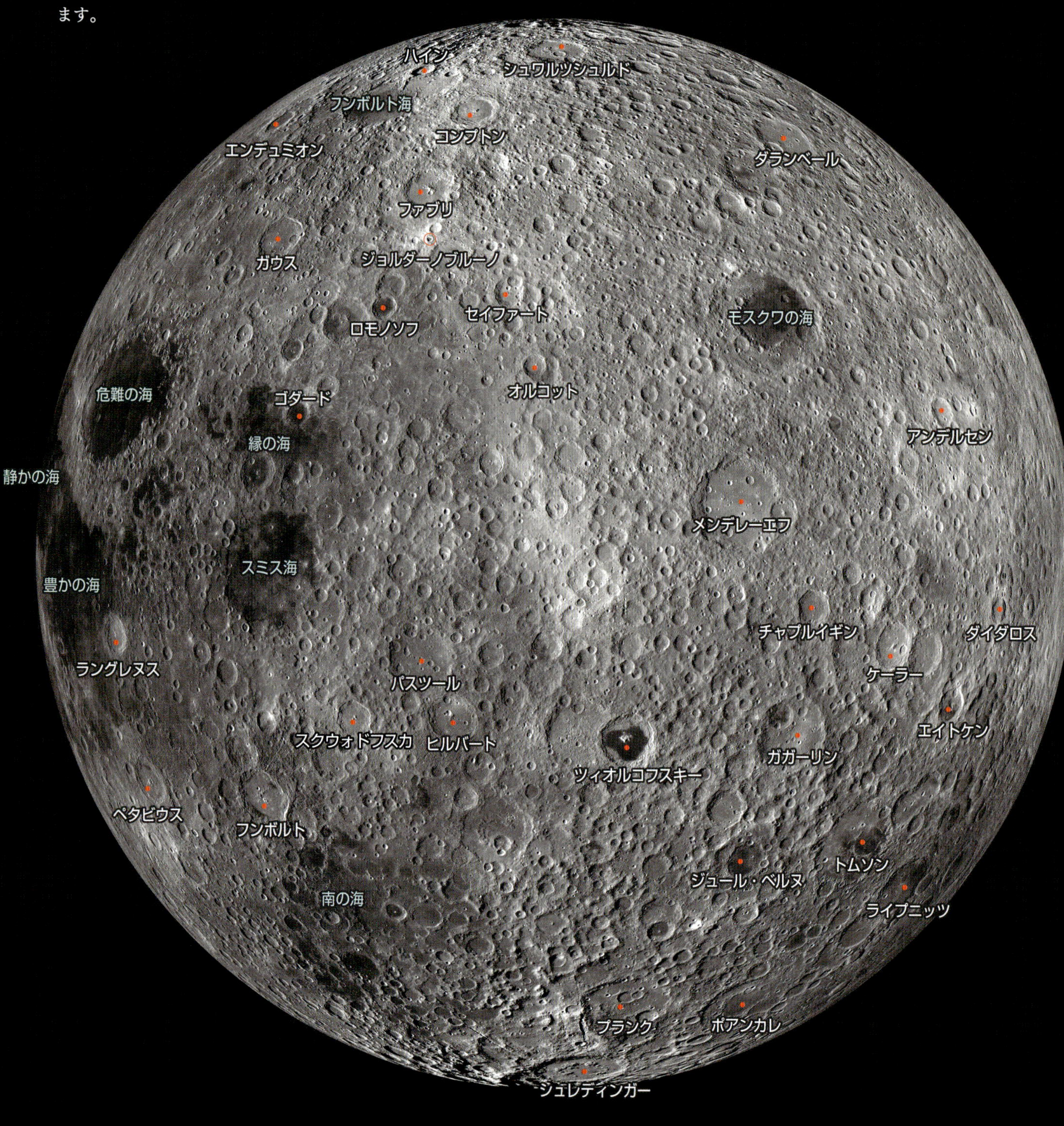

中央経度180°

Longitude 180°

経度180°の線が月面中央を上下に通過しており、ちょうど地球から見える半球の真裏です。南（下）のほうに見える、広く暗い領域がエイトケン盆地です。表の海と同じメカニズムで形成されましたが、ここはとても古い地形のため、無数のクレーターが刻まれていて、比較的少数のクレーターしかない表の海とは様相が異なります。

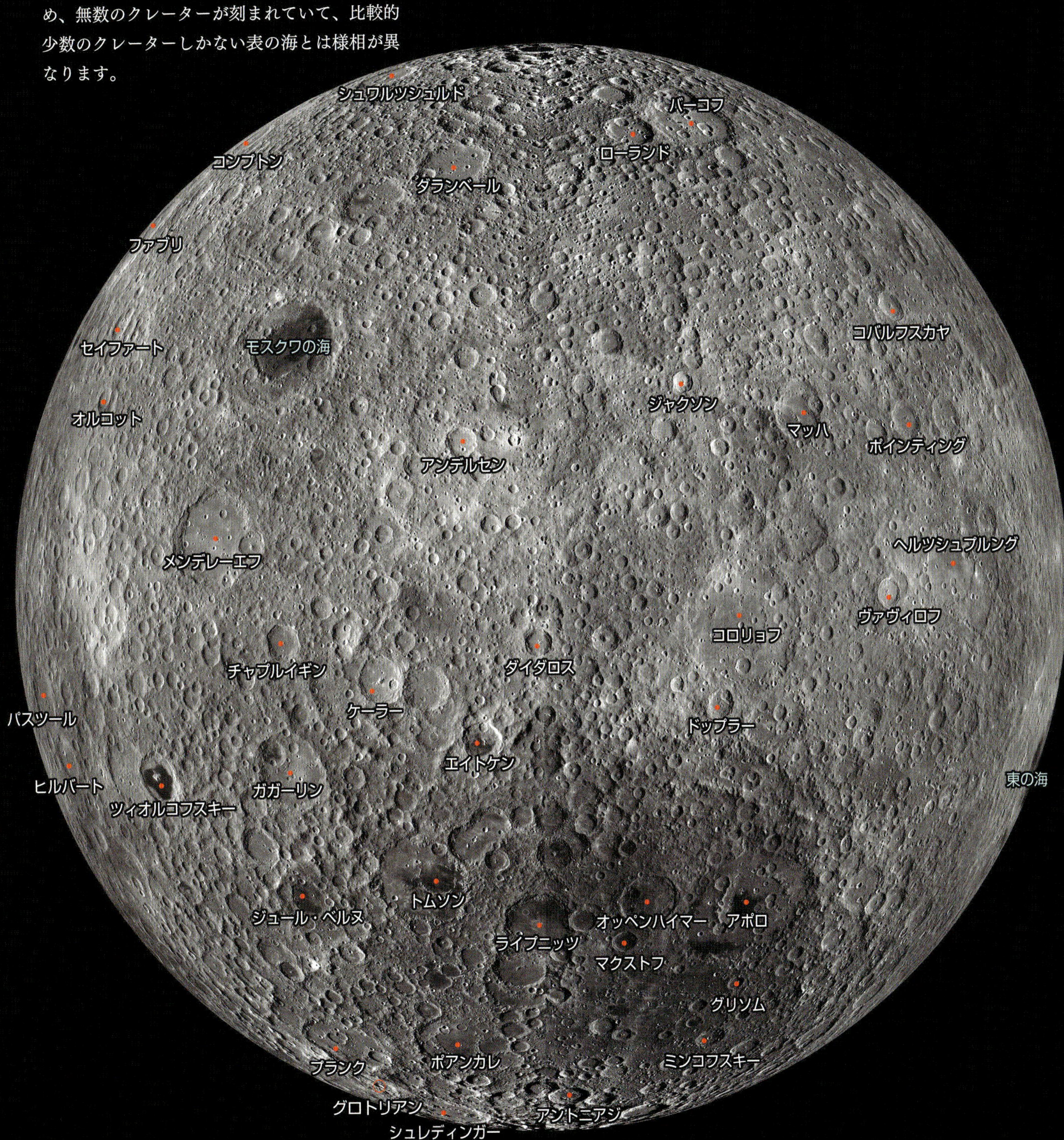

中央経度240°

Longitude 240°

経度240°の線が月面中央を上下に通過しています。嵐の大洋が右の縁に見えていますが、ほかは無数のクレーターで覆われた領域です。ここで注目なのが「東の海」です。直径294km、衝突の衝撃により形成された三重のリングがあり、ここから放射状にいくつもの長い連鎖クレーター群が見られます。

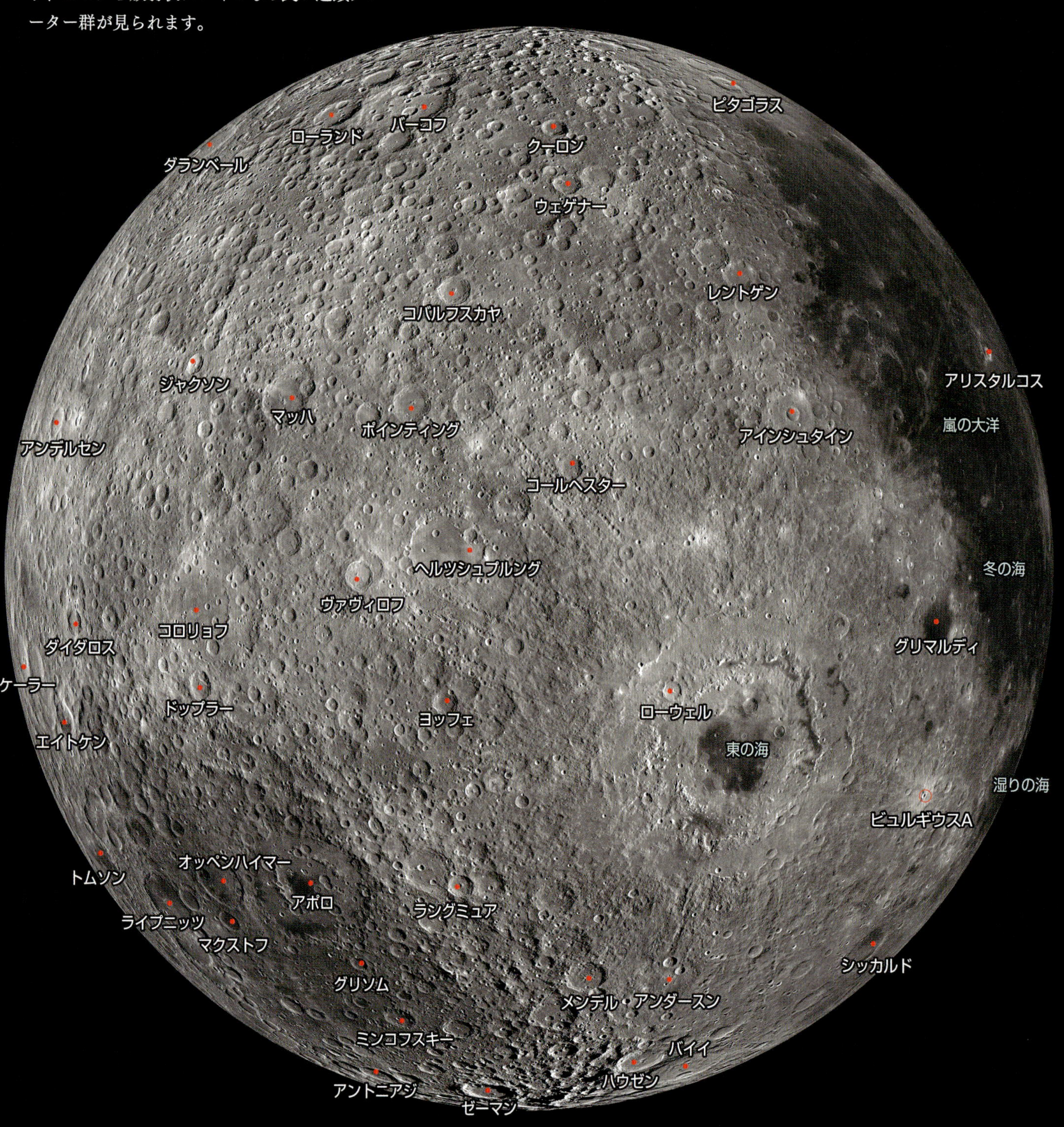

中央経度300°

Longitude 300°

経度300°の線が月面中央を上下に通過しています。右上半分は海、左下半分はクレーターに覆われた領域に二分されています。南（下）のほうには地球からでは見にくかった巨大クレーターのバイイが複雑な形を見せています。ビュルギウスAクレーターから伸びる光条がよくわかります。

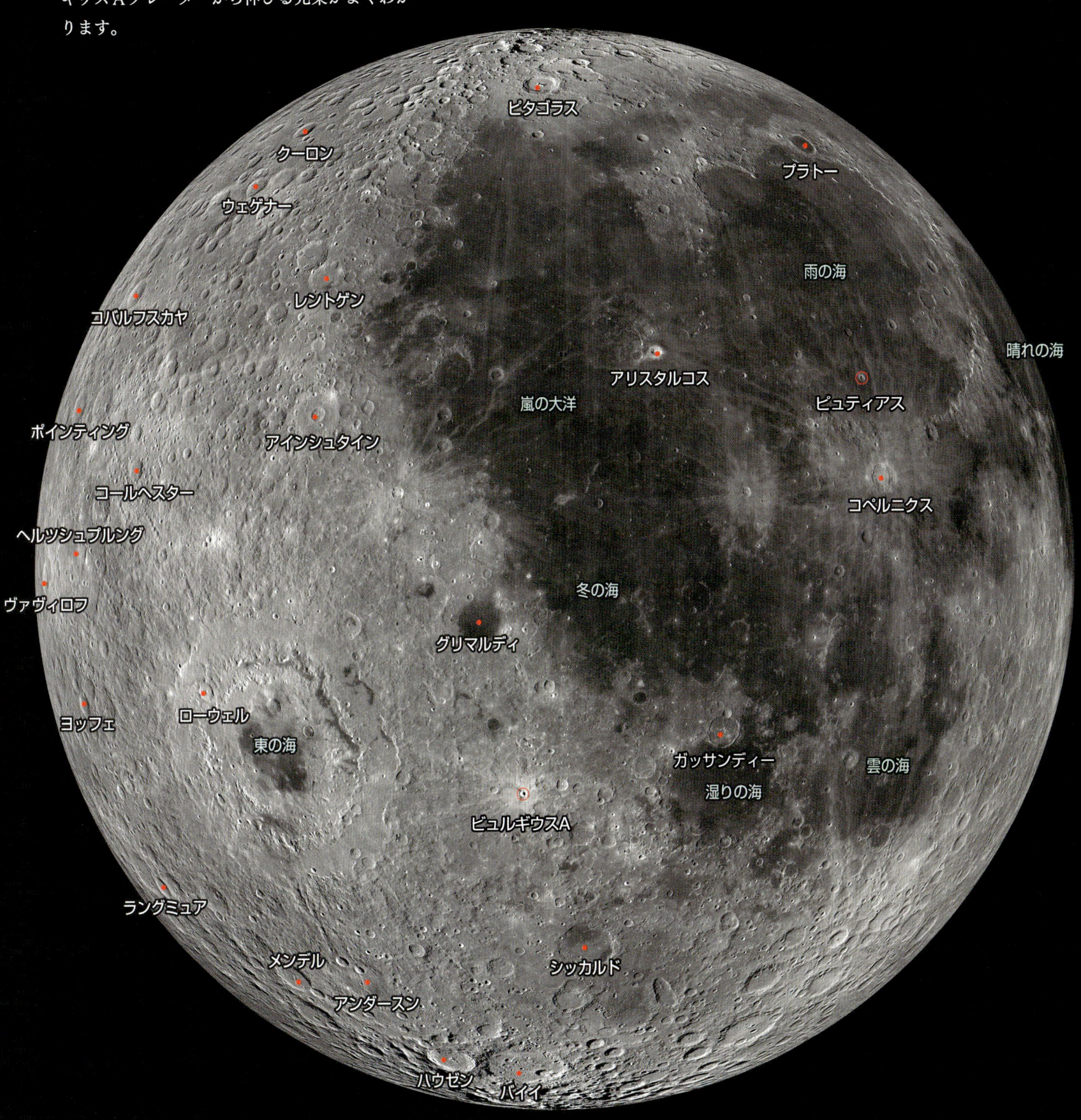

北極地方

The North Pole

画像中央が北極点です。地球からでは見ることが難しい北極地方です。それぞれの地形が太陽の光を受けて最も明るく見えたときの画像を合成しました。暗く見える部分は深いクレーターの底で、永久に太陽の光が当たらない領域と考えられています。ここには6億トンに達する水の氷が存在すると考えられています。

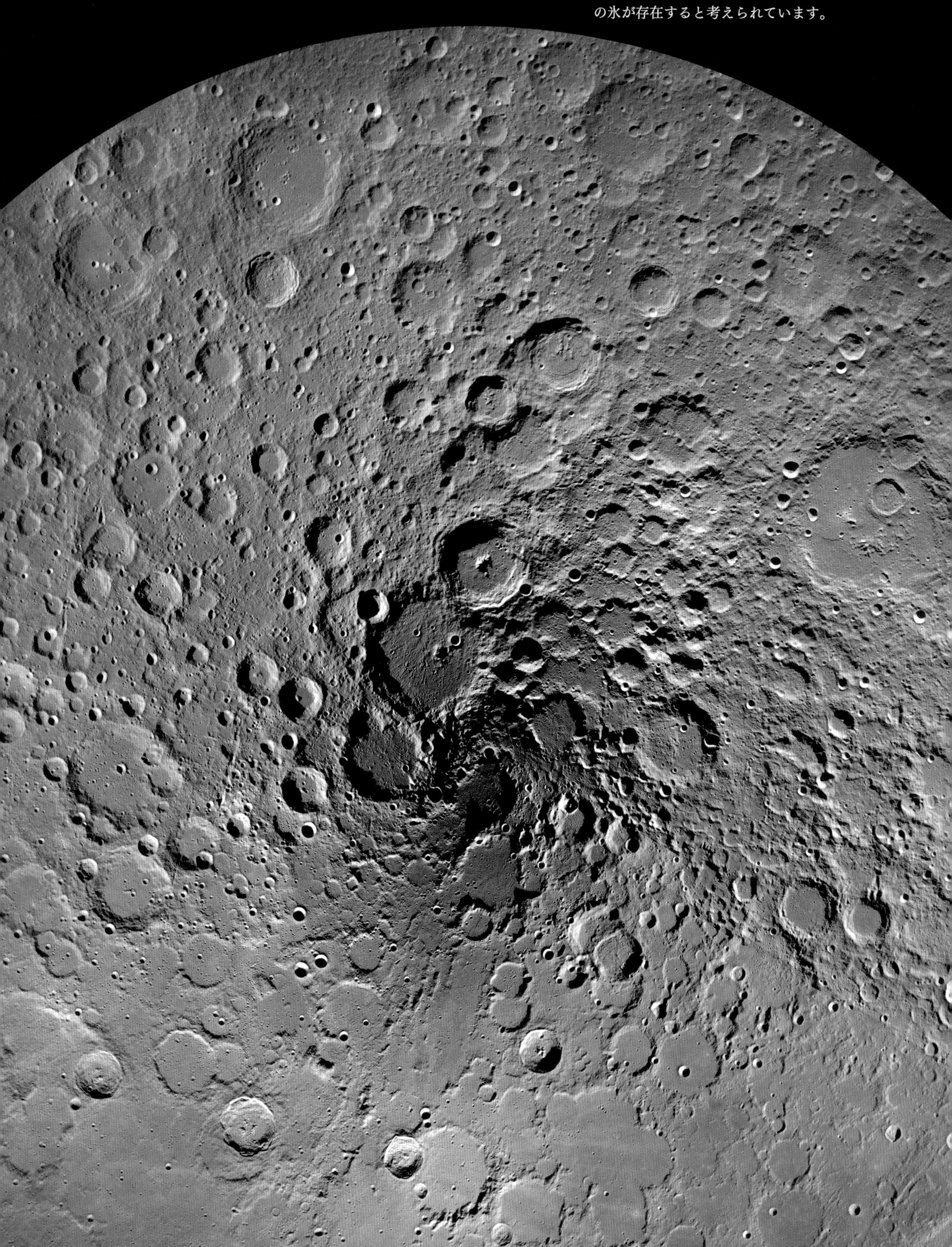

南極地方

The South Pole

画像中央が南極点です。南極地方は北極に比べて起伏が激しく、大きな暗い影をもつクレーターが多く見られます。暗い影の領域は、やはり永久に太陽の光が当たらない場所で、大量の水の氷が存在すると考えられています。氷の画像は撮影できていませんが、何機もの月探査機がここに氷が存在する間接証拠を得ています。

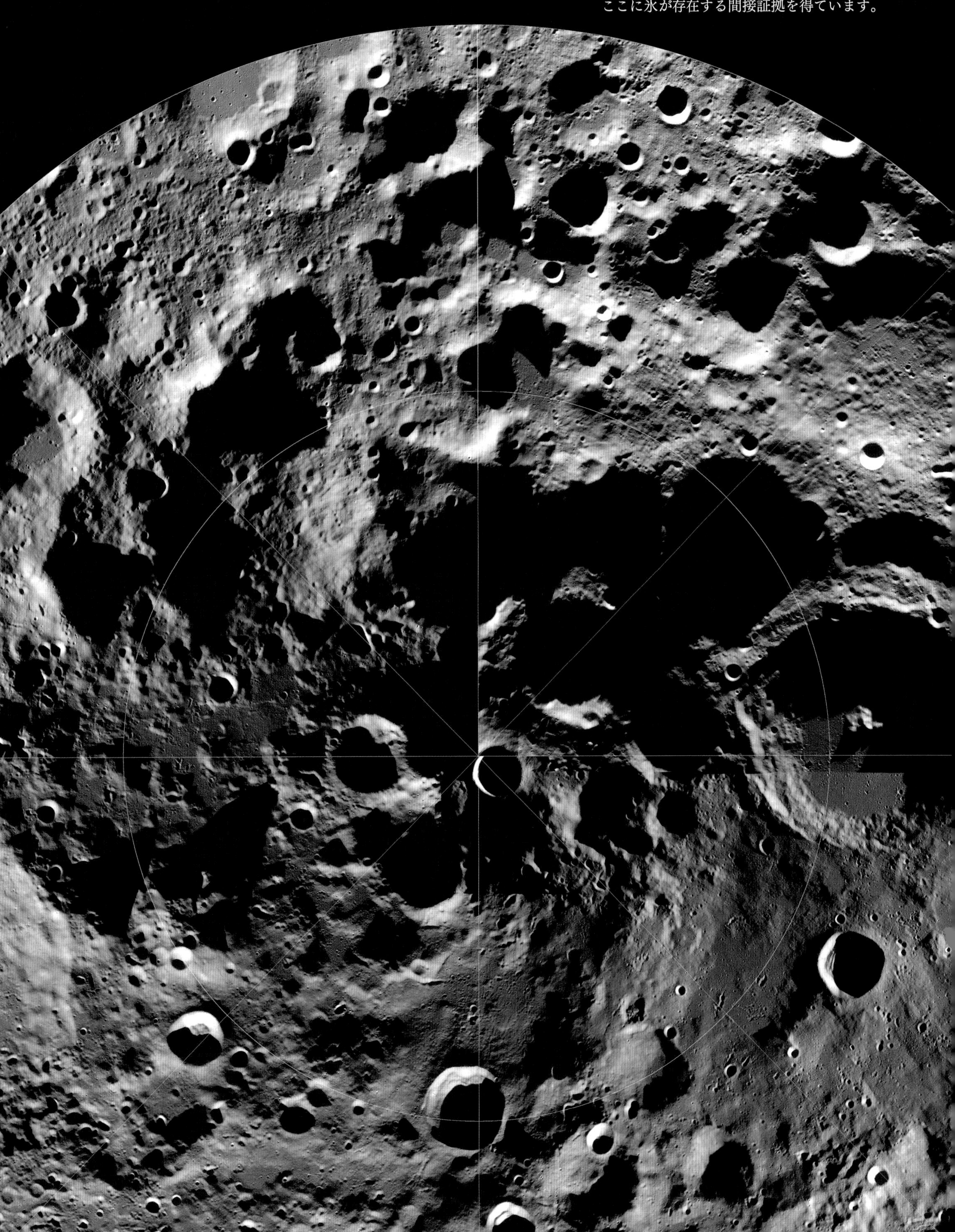

月面の高さ・表

Height of the Moon (Near Side)

月を周回する探査衛星からレーザー高度計で測定した月面の高低を、わかりやすく色分けして示しました。濃い青色ほど低い場所で、白や赤い領域は標高の高い場所を示しています。月の表は青い領域や緑の領域が多く、低い場所が多いようです。

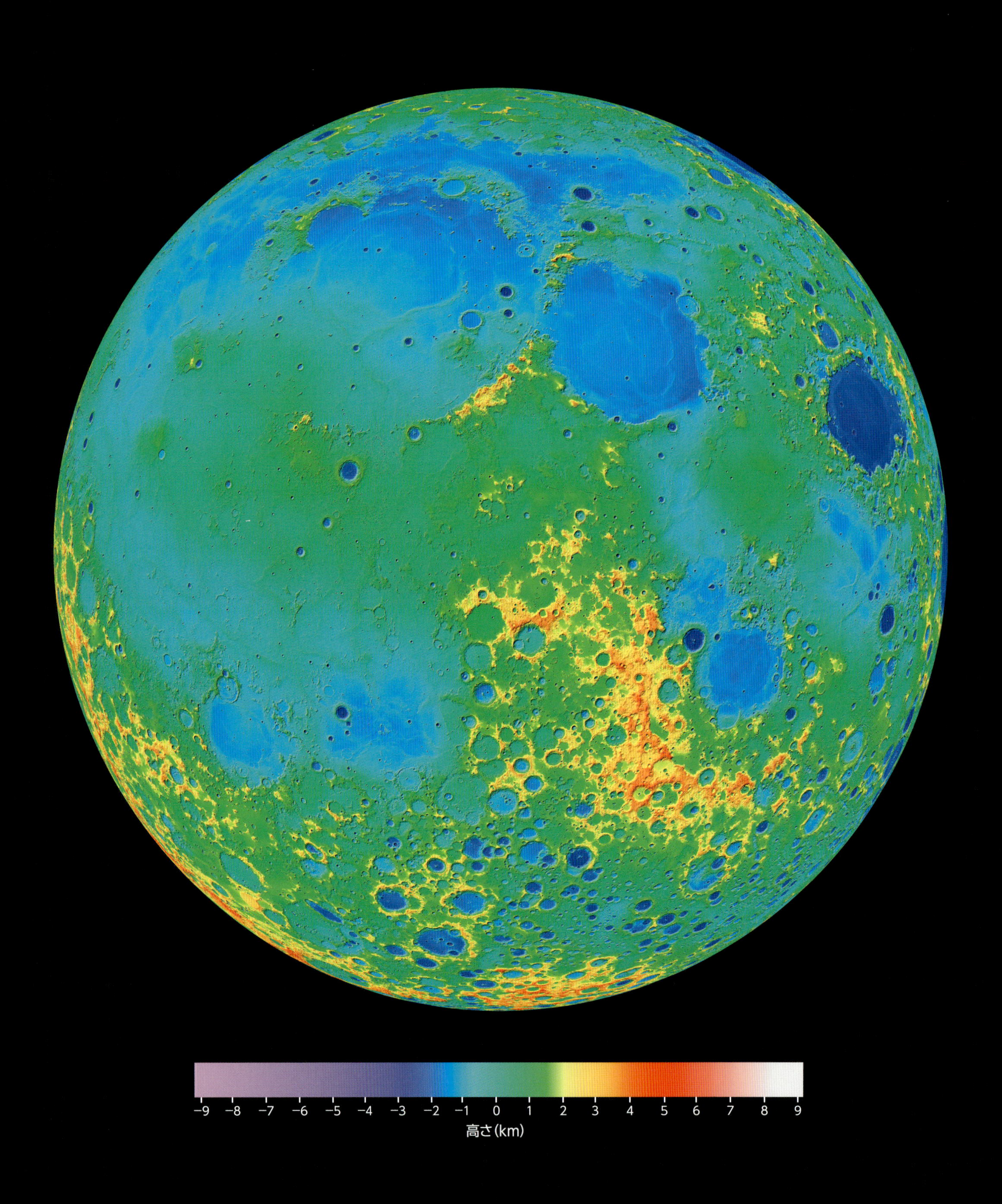

月面の高さ・裏

Height of the Moon (Far Side)

月の裏側は赤や黄色の領域が多く、高地が目立ちます。月面で最も高い領域も裏側にあります。一方、南極地方には巨大な低地帯があるのがわかります。エイトケン盆地です。ここは月の表の海より低い場所がいくつもあります。裏側は高低差が大きい領域です。

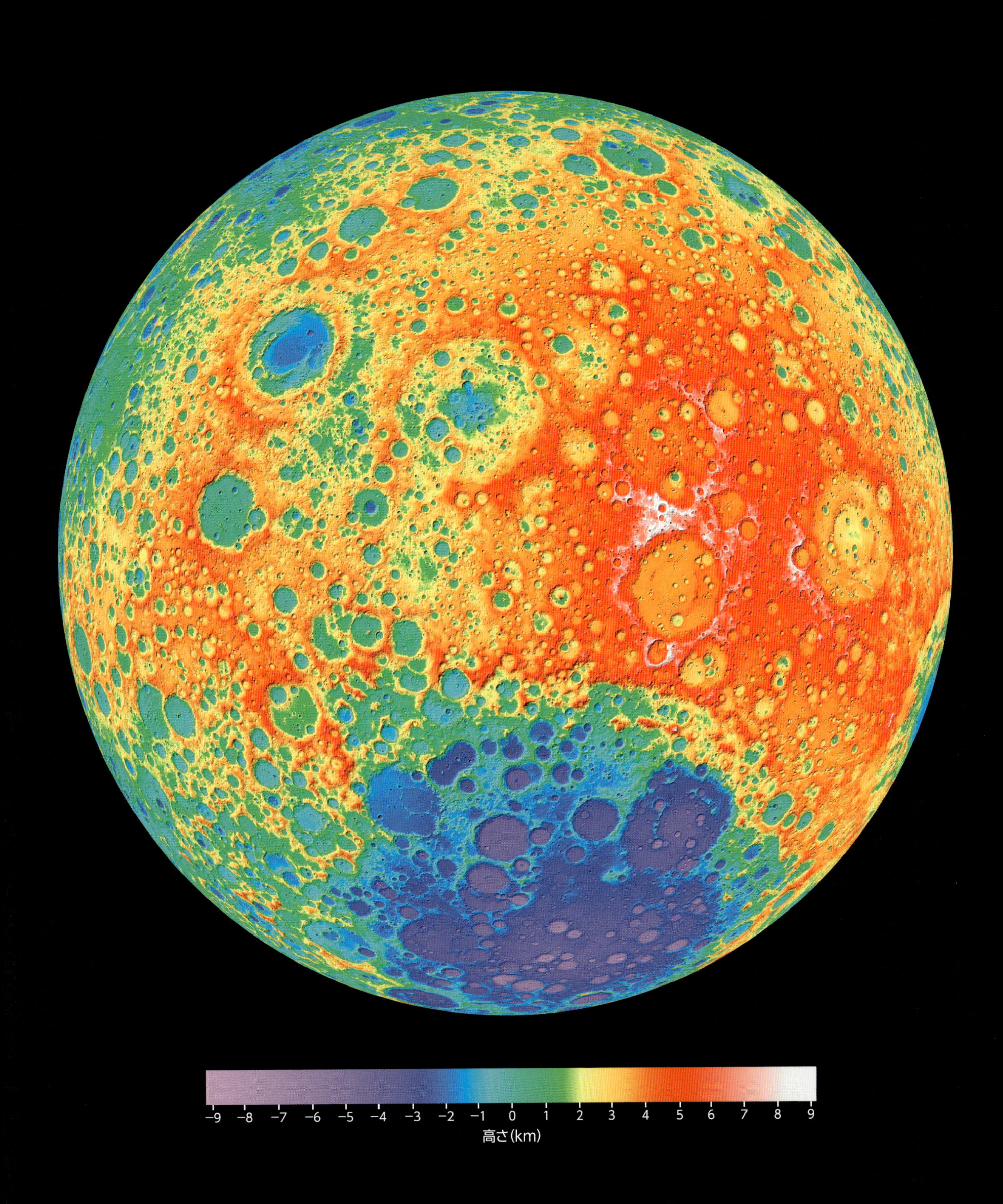

ルナー・リコネサンス・オービター(LRO)が捉えた月

The Moon by the Lunar Reconnaissance Orbiter

LROはNASAの月周回無人探査機です。2009年に打ち上げられ、以来、高性能なカメラを使って月面観測を行っています。この探査機の主目的は、将来、人類や無人探査機が月面探査を行うための準備で、そのためのさまざまなデータ収集とされています。LROの撮影した画像とレーザー光度計を使った観測から、月面の詳細な地形が3次元で捉えられており、3次元月面図が作られています。LROによる画像は50cmの大きさのものまで見分けることができ、荒々しい月面の地形や、地球から望遠鏡で見ていた特徴ある地形のクローズアップ、地球では見られない風景、かつて人類が月面に印した探査の痕跡を記録しており、とても話題性のある画像が公開されています。

地球の出

Earthrise

LROが月周回軌道上から撮影した月の地平線上に浮かぶ地球です。実は、LROは1日12回ずつ地球の出に遭遇していますが、通常は月面上の画像撮影を行うため、このような画像を撮影するのは稀です。手前に見えているのはコンプトン・クレーター（直径162km）です。この画像は、分解能の高い白黒カメラで捉えた画像と分解能の低いカラー画像のカメラのデータを合成して作られました。

※月面はほぼニュートラルグレー、つまり色みのほとんど無い世界なのでモノクロ画像のように見えます。

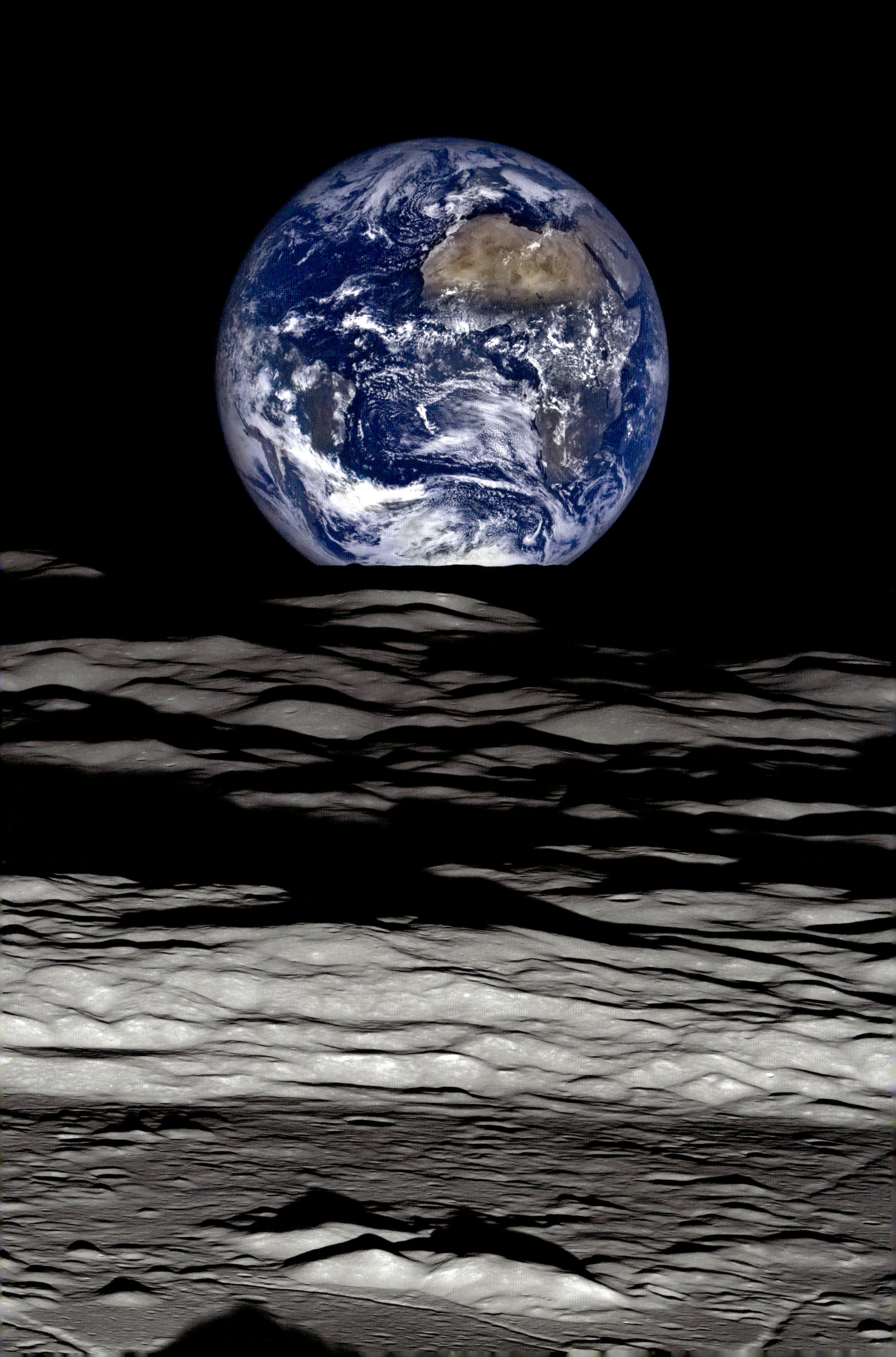

コペルニクス

Copernicus

コペルニクスの全容

真上から見たコペルニクス・クレーターです。形はほぼ丸く、周壁の内壁には数段の段丘があり、複雑で美しい様相を見せています。クレーター中央部分にはそびえ立つ丘（中央丘陵）がいくつか見えています。10億年ほど前に小惑星が衝突して形成されました。

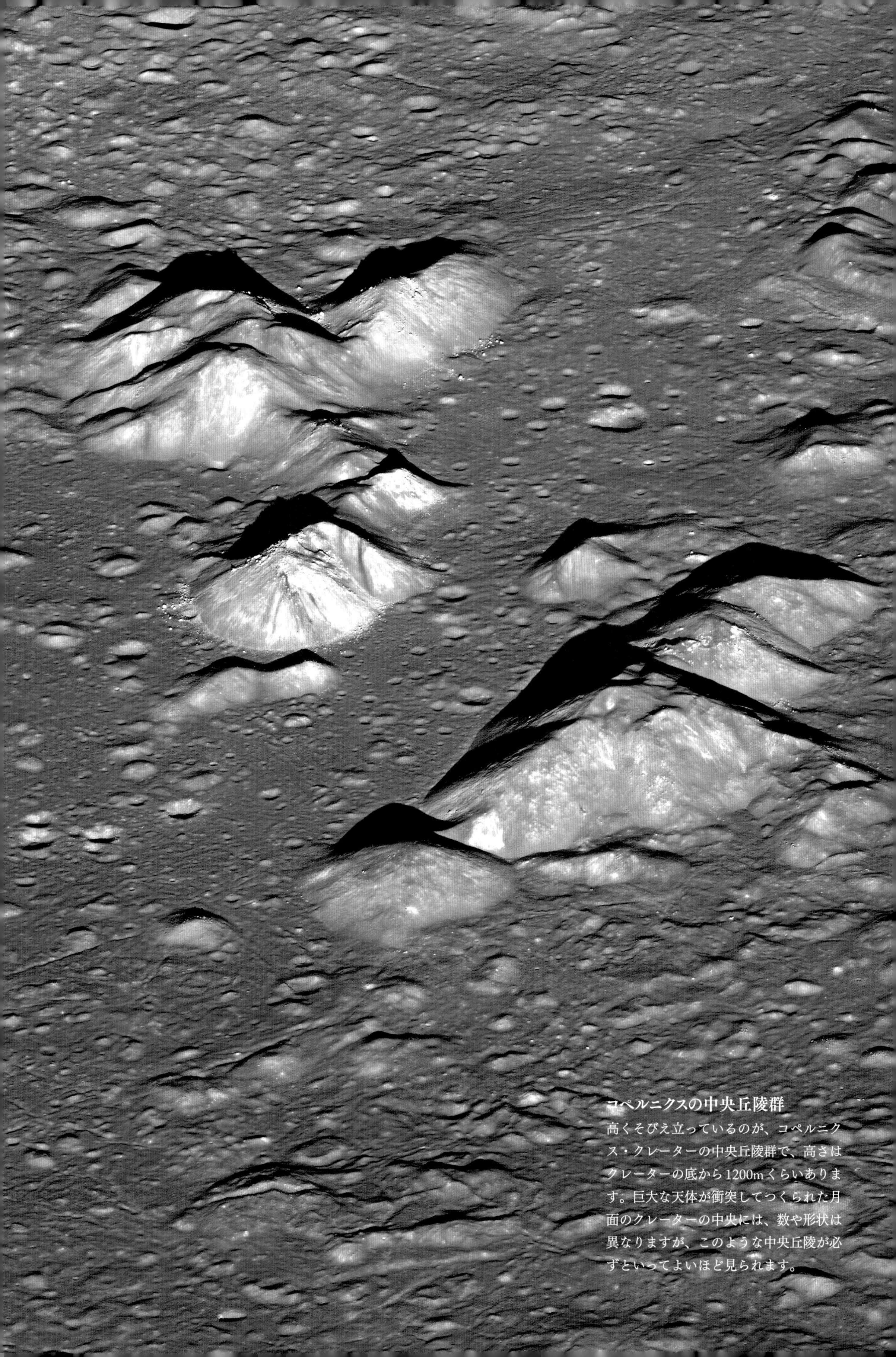

コペルニクスの中央丘陵群

高くそびえ立っているのが、コペルニクス・クレーターの中央丘陵群で、高さはクレーターの底から1200mくらいあります。巨大な天体が衝突してつくられた月面のクレーターの中央には、数や形状は異なりますが、このような中央丘陵が必ずといってよいほど見られます。

アリスタルコス

Aristarchus

アリスタルコス台地

右の複雑な形の周壁をもつクレーターがアリスタルコス、となりの平らな底のクレーターがヘロドトス、2つのクレーターの左上のほうに伸びている溝のようなものがシュレーター谷です。アリスタルコスは月面で最も明るく輝いて見えるクレーターです。この付近は謎の発光現象「TLP」(p172）の目撃例が突出して多い場所です。

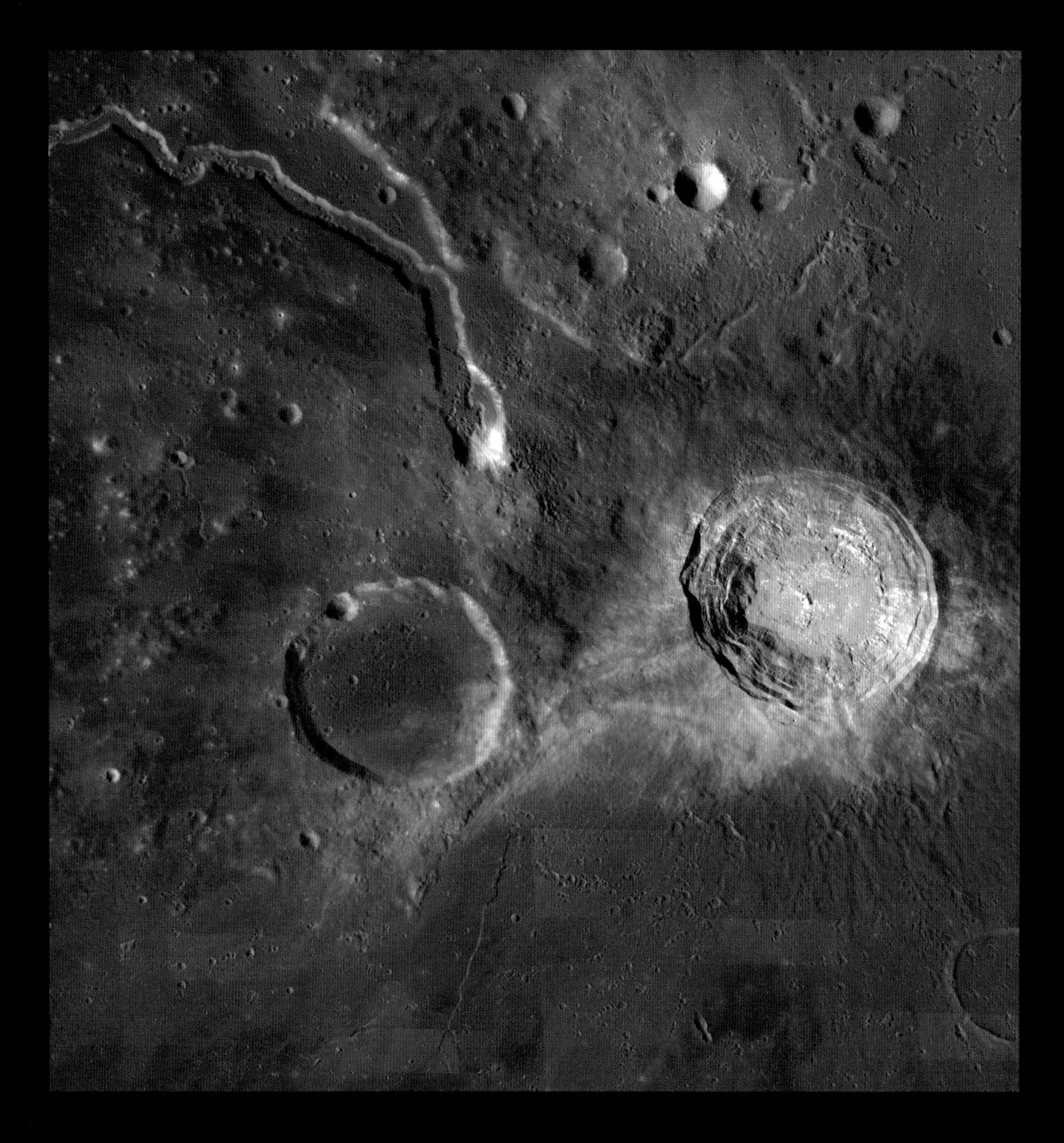

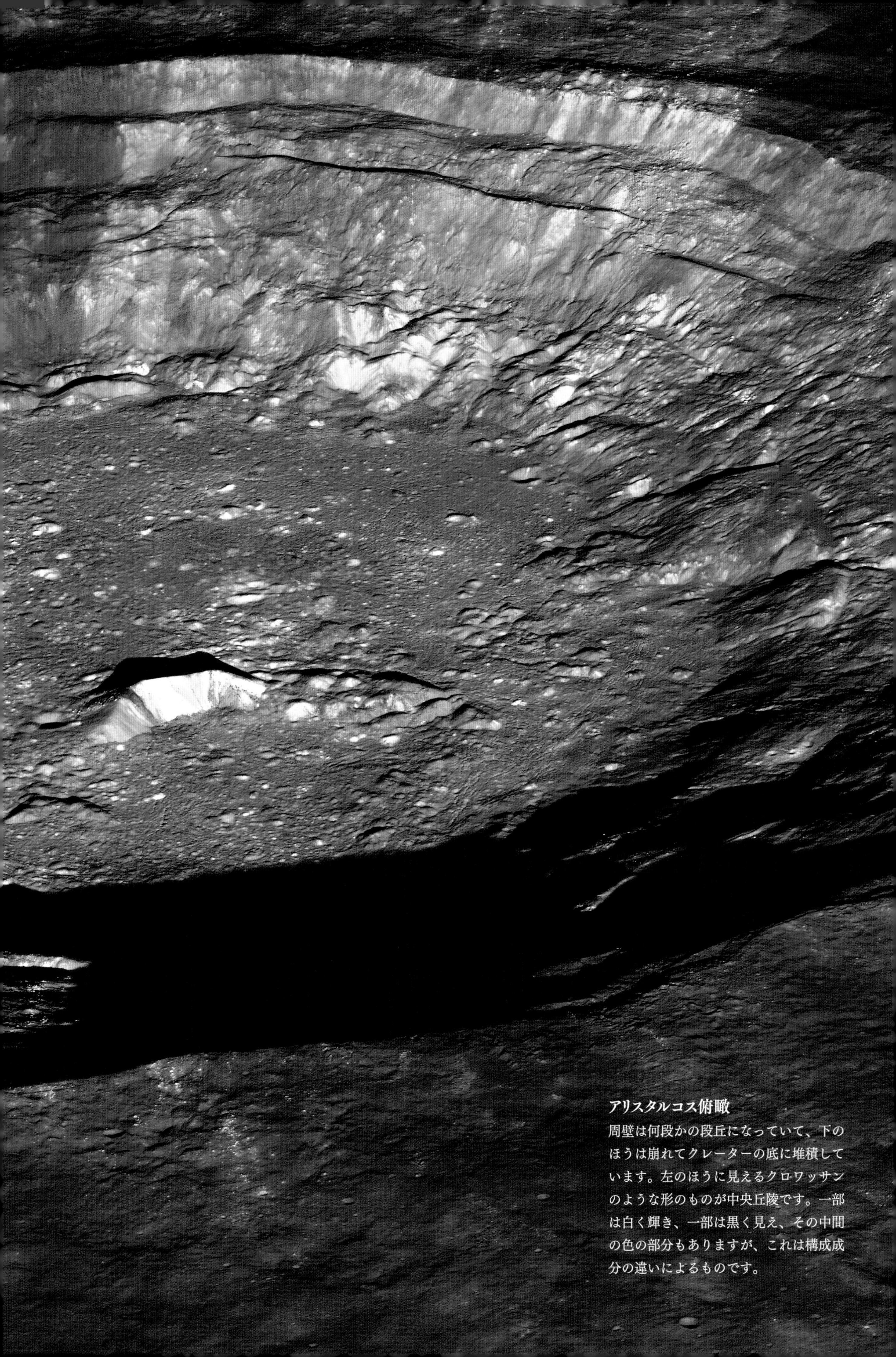

アリスタルコス俯瞰
周壁は何段かの段丘になっていて、下のほうは崩れてクレーターの底に堆積しています。左のほうに見えるクロワッサンのような形のものが中央丘陵です。一部は白く輝き、一部は黒く見え、その中間の色の部分もありますが、これは構成成分の違いによるものです。

ティコ
Tycho

ティコ・クレーター
月の南極近くのクレーターに覆われた地域にあります。周囲のクレーターに比べ、形がはっきりし、中央丘陵が目立ちます。1968年、このクレーターの外縁部にNASAの無人探査機サーベイヤー7号が軟着陸し、数十枚の画像を撮影しました。

ティコ中央部の溶けた火口床
画像の下に見えているのが中央丘陵です。今から1億800万年前、隕石が月面に衝突し、その衝撃でつくられたクレーターの底は衝撃と熱でドロドロに溶けました。やがて冷えて再び固まり、凹凸の多い複雑な地形を形成しました。

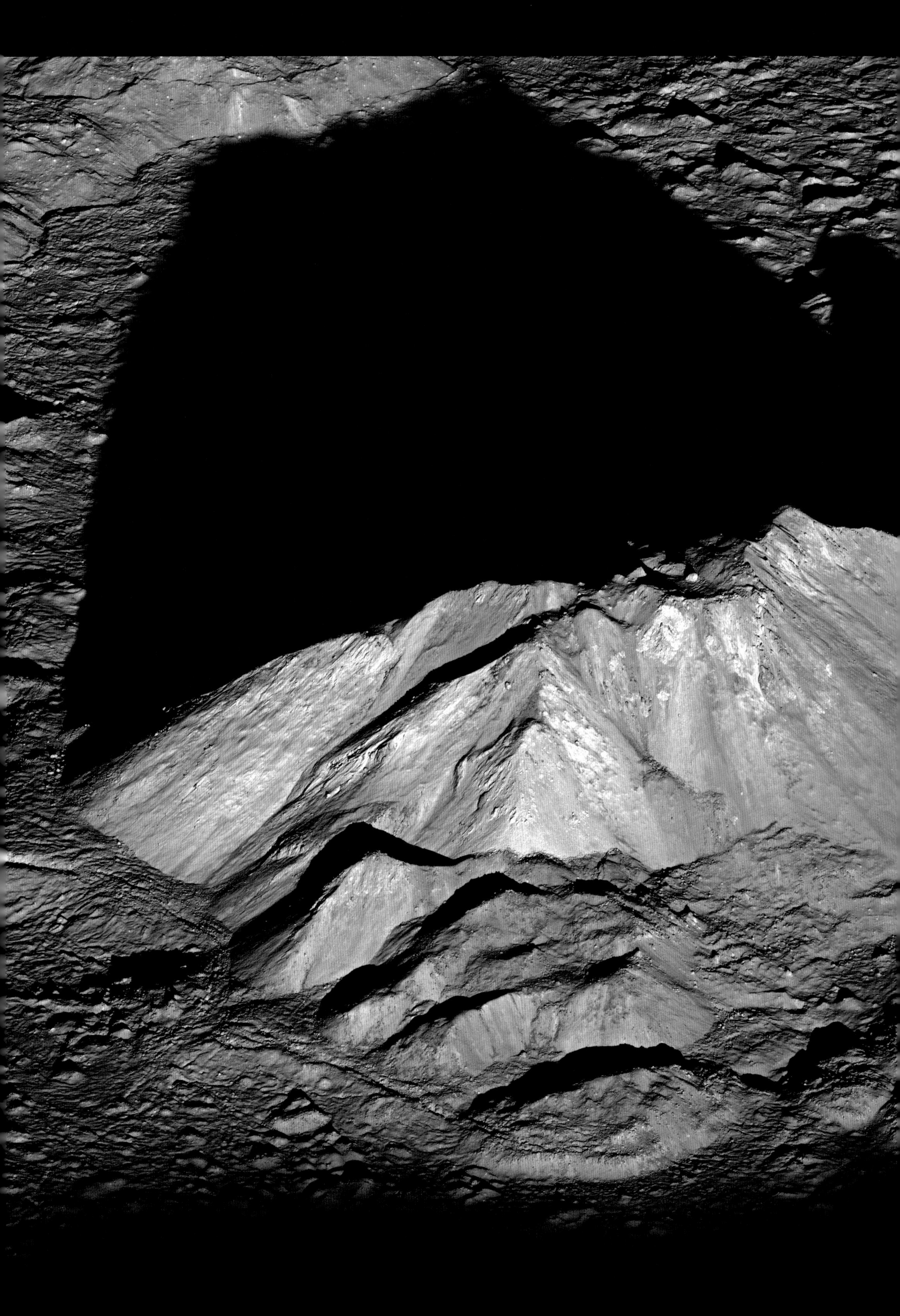

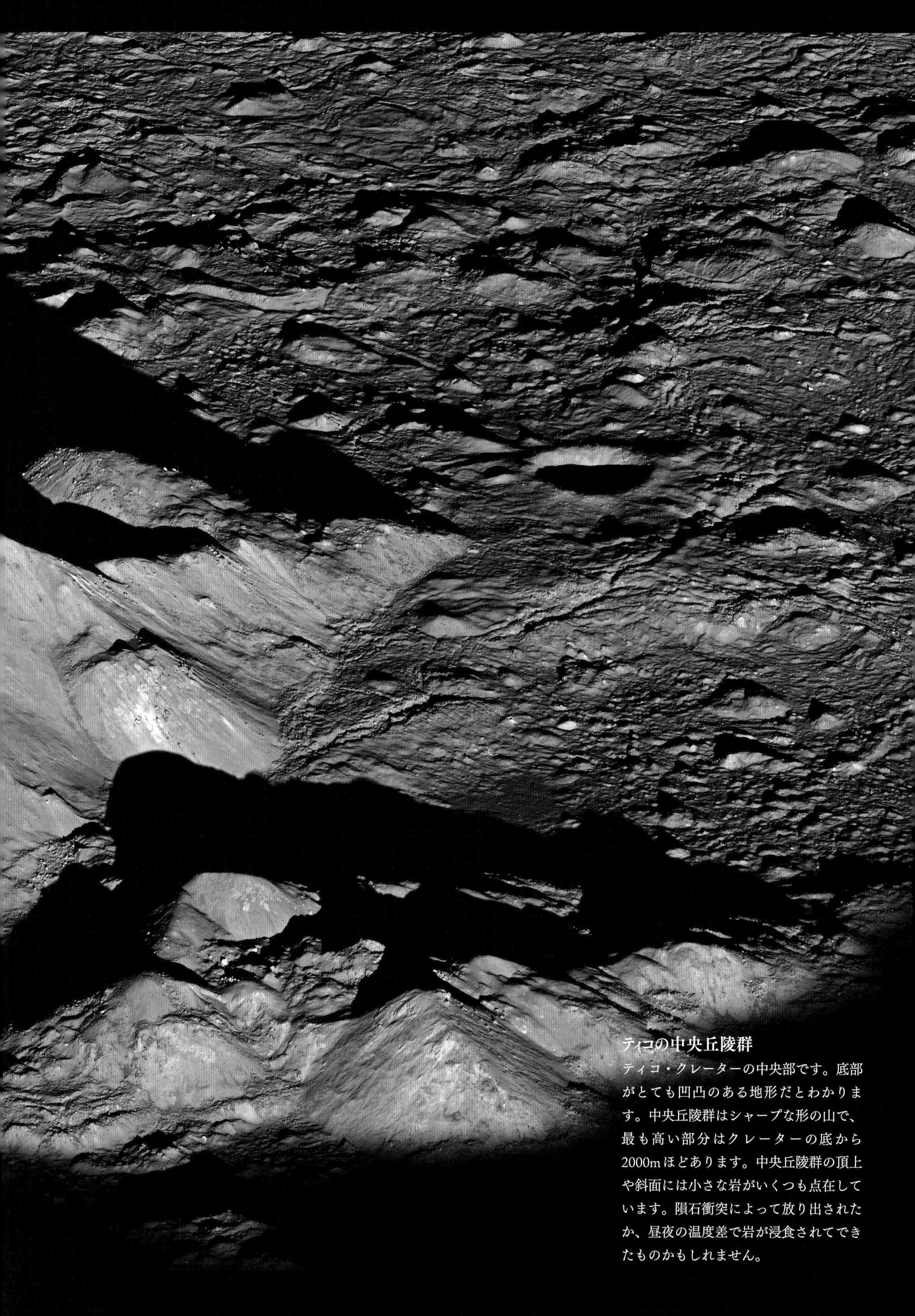

ティコの中央丘陵群

ティコ・クレーターの中央部です。底部がとても凹凸のある地形だとわかります。中央丘陵群はシャープな形の山で、最も高い部分はクレーターの底から2000mほどあります。中央丘陵群の頂上や斜面には小さな岩がいくつも点在しています。隕石衝突によって放り出されたか、昼夜の温度差で岩が浸食されてできたものかもしれません。

ヒギヌス谷

Rima Hyginus

ヒギヌス谷

月面のほぼ中央部付近にある「中央の入り江」は比較的平坦な場所で、ここにヒギヌス谷があります。逆「へ」の字形に伸びており、長さは220km、幅は2～3kmです。ヒギヌス谷の中央には、ヒギヌス・クレーターがあります。□枠の拡大像を右ページに示しました。

ヒギヌス谷の中央部

画像の左半分に、直径約11kmのヒギヌス・クレーターが見えています。月面を覆うクレーターのほとんどが隕石の衝突で作られたものであるのに対して、このクレーターは火山活動によって形成されたと考えられています。

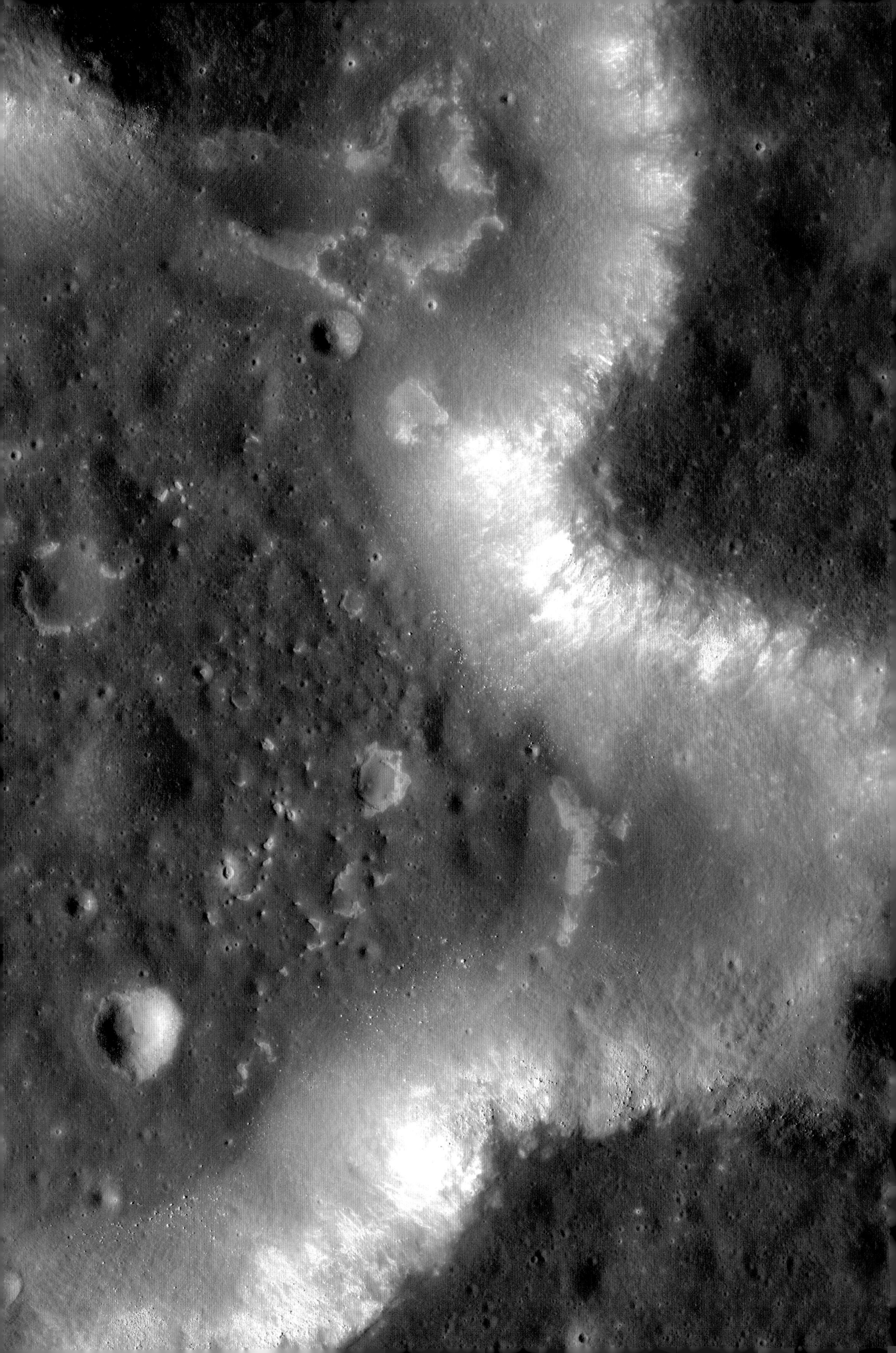

虹の入り江の小クレーター

Sinus Iridum

虹の入り江の全容

「雨の海」の北西に続く地形で、溶岩で半分埋もれた巨大なクレーターです。底は玄武岩の溶岩で覆われ暗く見えます。画像手前が「虹の入り江」、画像の右端近くに見える入り江の先端部分が「ラプラス岬」、クレーターの周壁が「ジュラ山脈」、後方の平坦な領域が「露の入り江」、矢印の先にあるのがラプラスAクレーターです。

ラプラスAクレーター

虹の入り江にあるクレーターのなかでは最も大きなもので、直径約8km、深さ1600m、底の部分の直径は2.5kmのすり鉢状クレーターです。周壁上部では岩が露出しており、底に向かう放射状の筋模様はクレーターの底に向かって地滑りが起きたことを示しています。

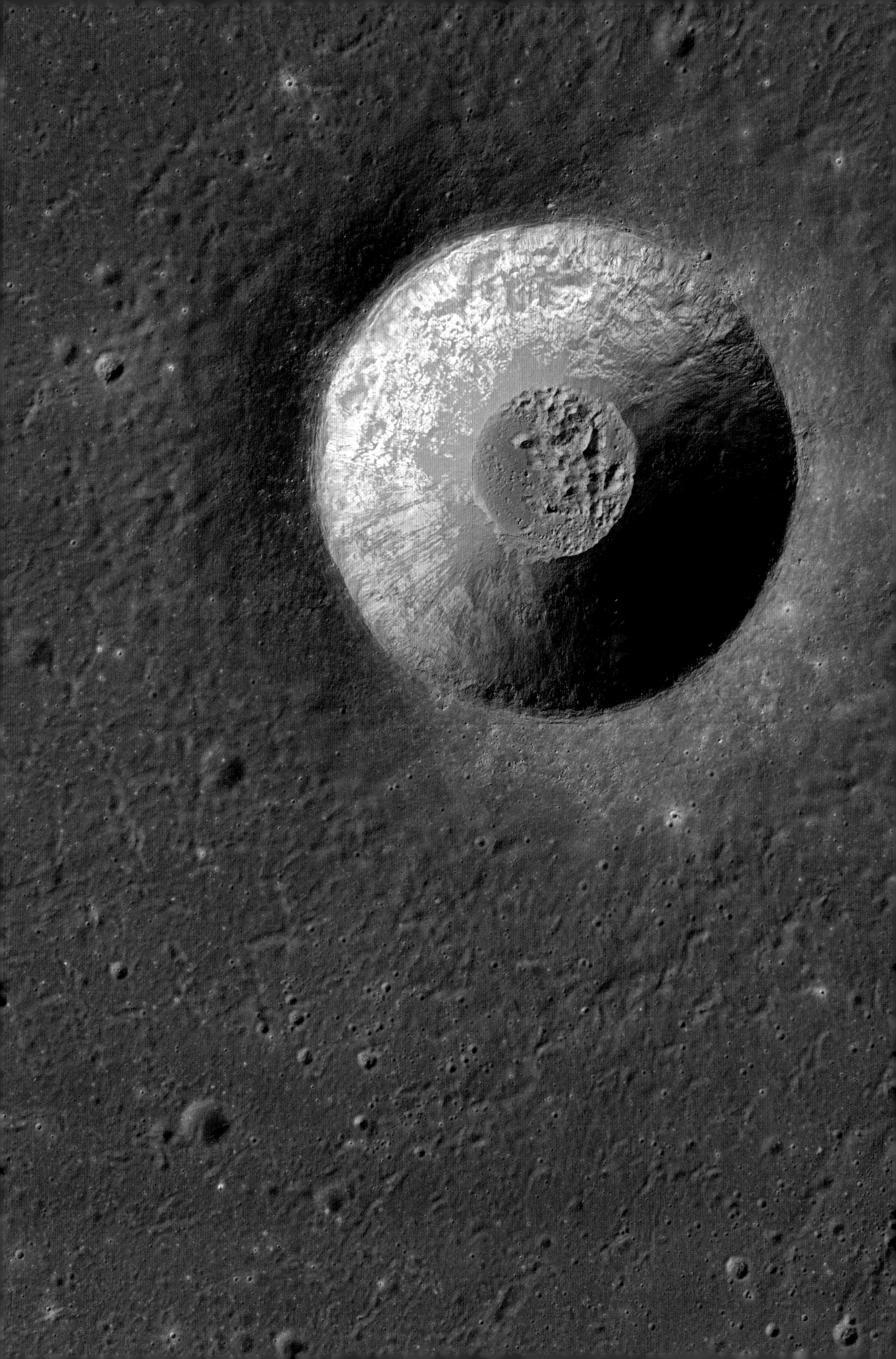

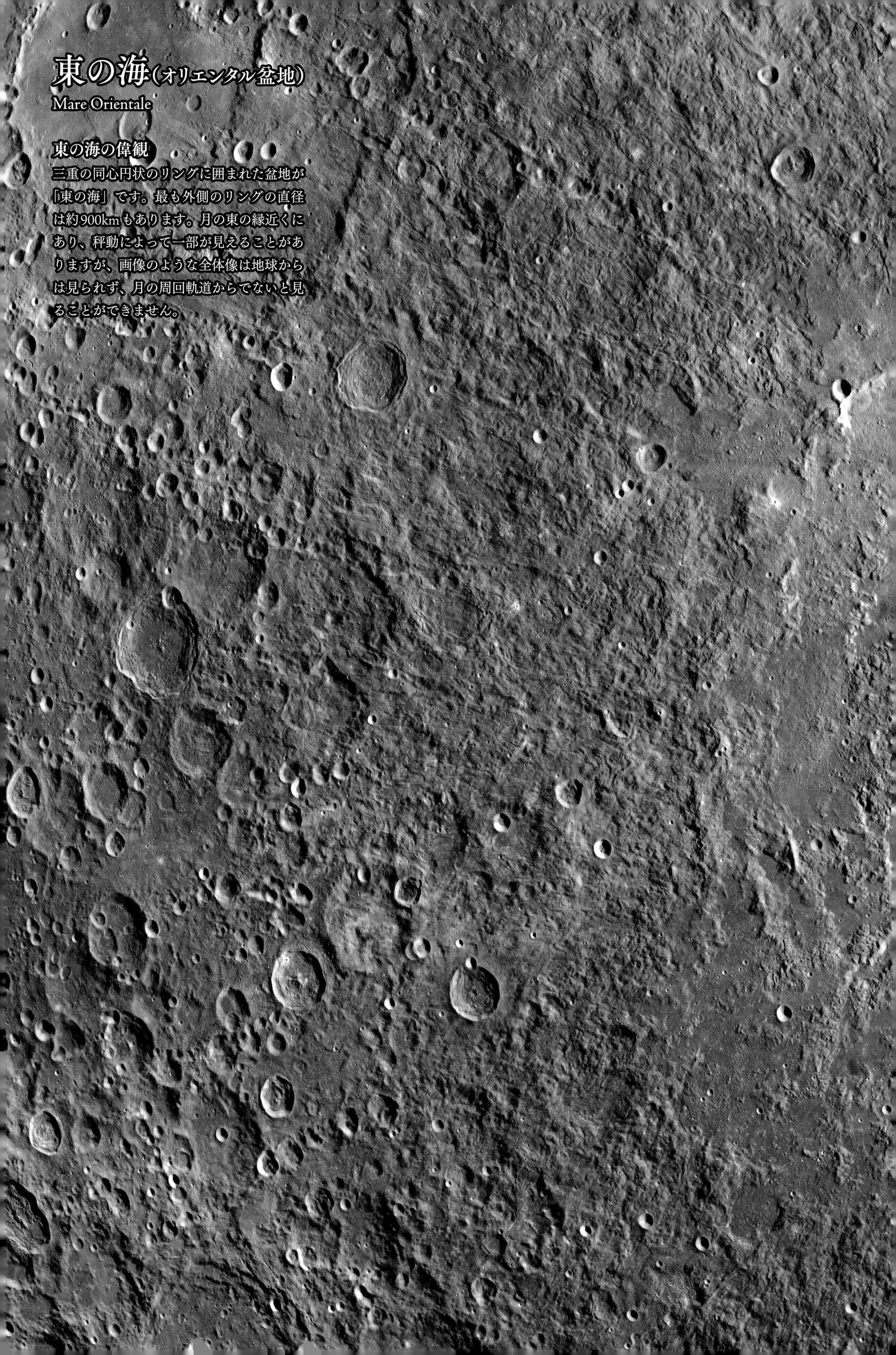

東の海(オリエンタル盆地)

Mare Orientale

東の海の偉観

三重の同心円状のリングに囲まれた盆地が「東の海」です。最も外側のリングの直径は約900kmもあります。月の東の縁近くにあり、秤動によって一部が見えることがありますが、画像のような全体像は地球からは見られず、月の周回軌道からでないと見ることができません。

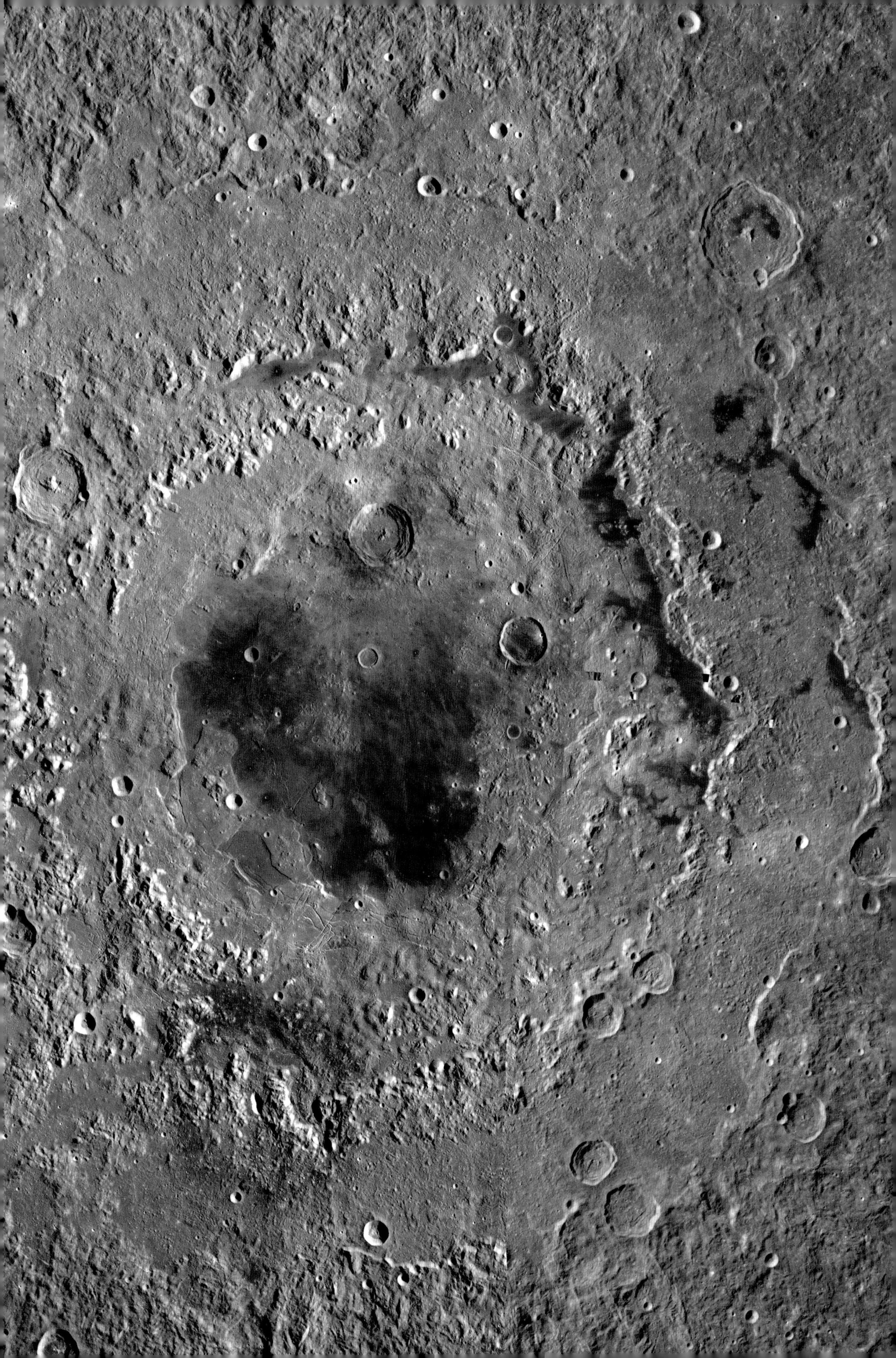

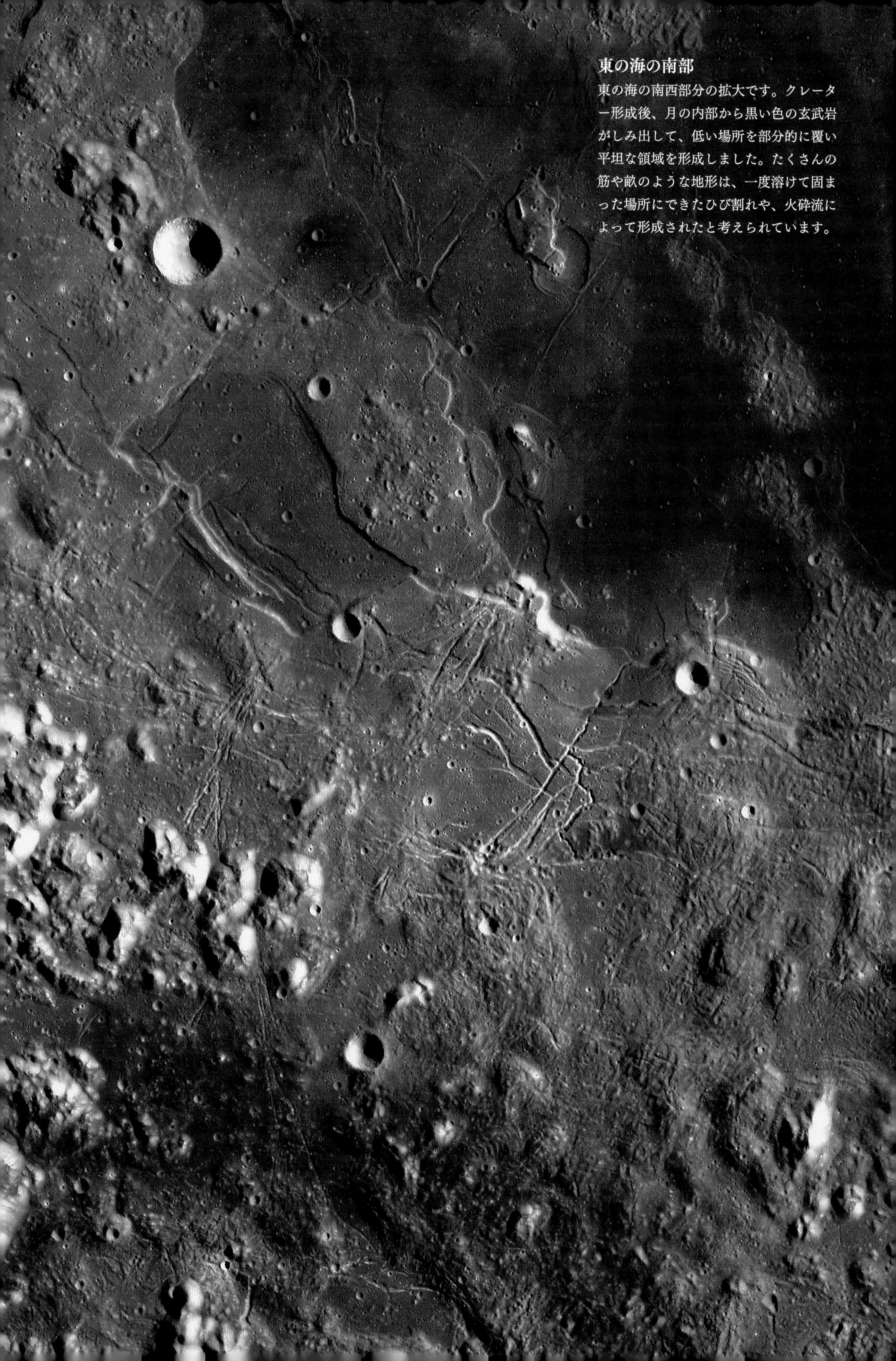

東の海の南部

東の海の南西部分の拡大です。クレーター形成後、月の内部から黒い色の玄武岩がしみ出して、低い場所を部分的に覆い平坦な領域を形成しました。たくさんの筋や畝のような地形は、一度溶けて固まった場所にできたひび割れや、火砕流によって形成されたと考えられています。

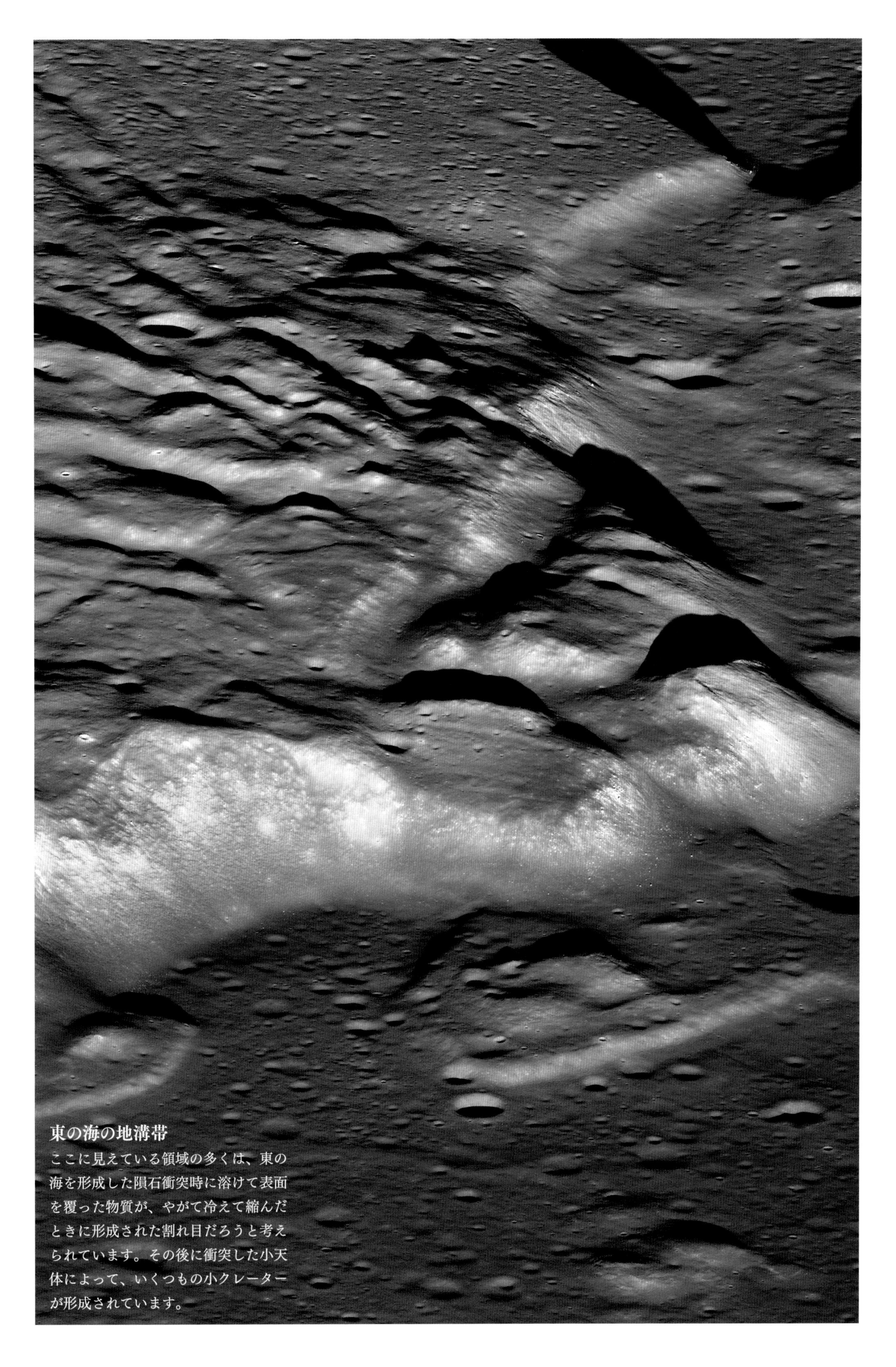

東の海の地溝帯

ここに見えている領域の多くは、東の海を形成した隕石衝突時に溶けて表面を覆った物質が、やがて冷えて縮んだときに形成された割れ目だろうと考えられています。その後に衝突した小天体によって、いくつもの小クレーターが形成されています。

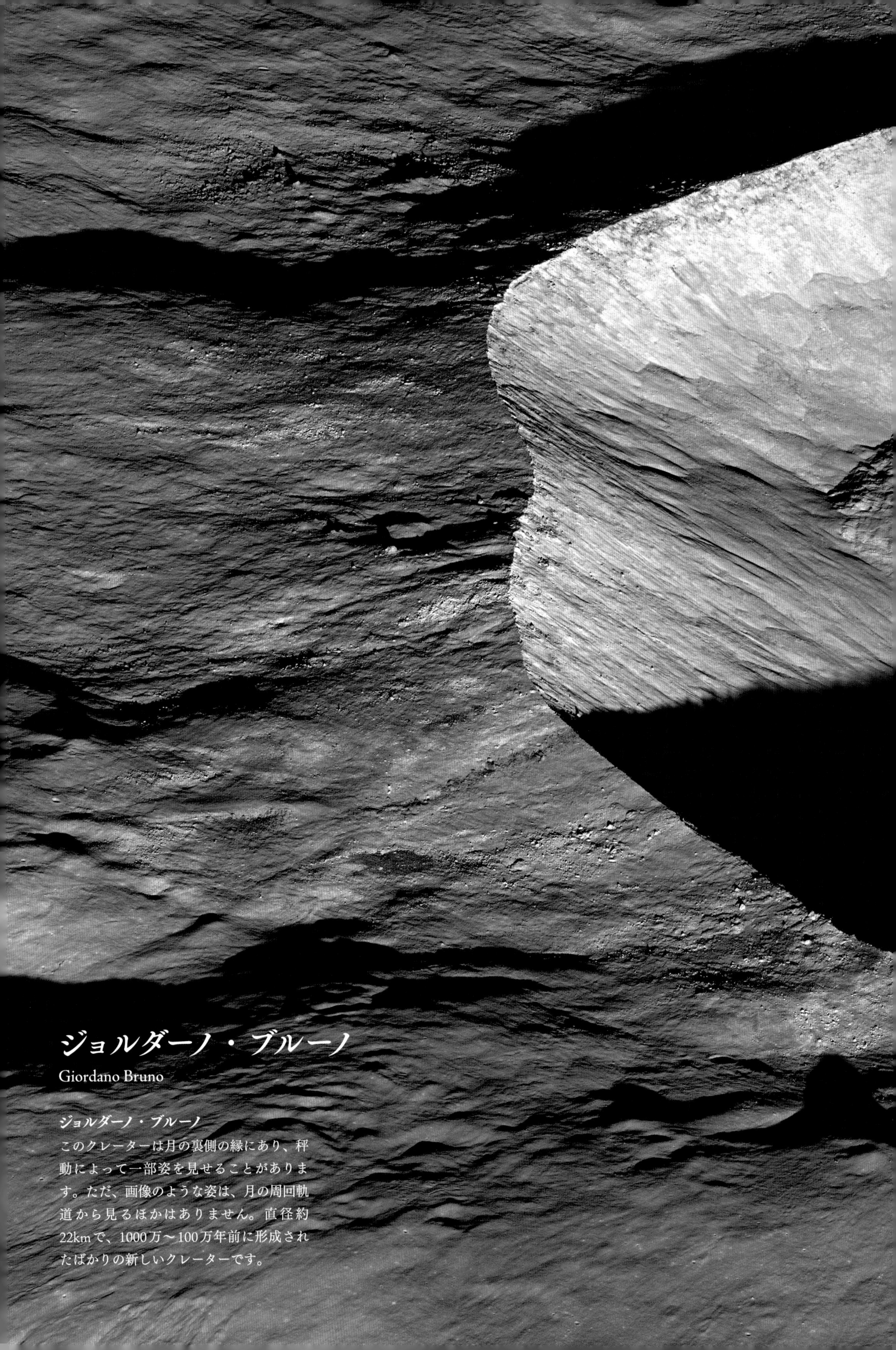

ジョルダーノ・ブルーノ

Giordano Bruno

ジョルダーノ・ブルーノ

このクレーターは月の裏側の縁にあり、秤動によって一部姿を見せることがあります。ただ、画像のような姿は、月の周回軌道から見るほかはありません。直径約22kmで、1000万〜100万年前に形成されたばかりの新しいクレーターです。

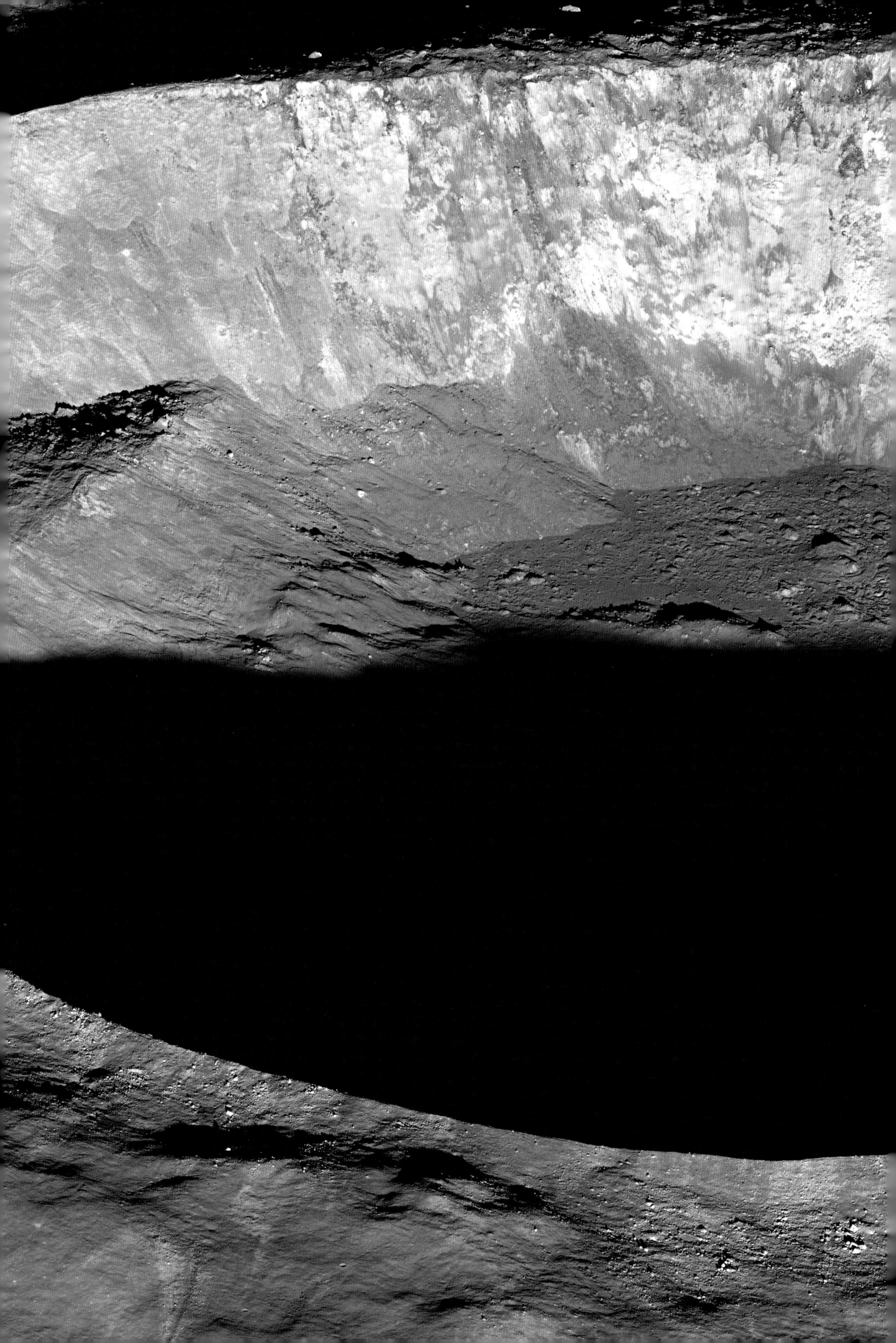

とがった縁

月面のクレーターは多くが38億年前までに形成されたものですから、ジョルダーノ・ブルーノの100万〜1000万歳という年齢は非常に若いといえます。クレーターの縁はまだほとんど浸食（温度変化や落下物による）されておらず、鋭くとがって見えています。

溶けた中央部のようす

画像中央部に溶岩や泥が固まってひび割れたような部分があります。ひび割れた断片の大きさは40mほどで、隕石の衝突によってクレーターが形成されたとき、地殻が溶けてつくられた高温の物質が固まってできました。この部分はジョルダーノ・ブルーノ・クレーターの底の西の領域で、直径約700mの小さな場所です。

段丘をもった美しい周壁をもっていますが、月の北東の縁にあるため、地球からではほとんど見ることができません。クレーターの底は凹凸のある場所と平坦な場所が混在し、真ん中には少なくとも6つの中央丘陵がそびえています。

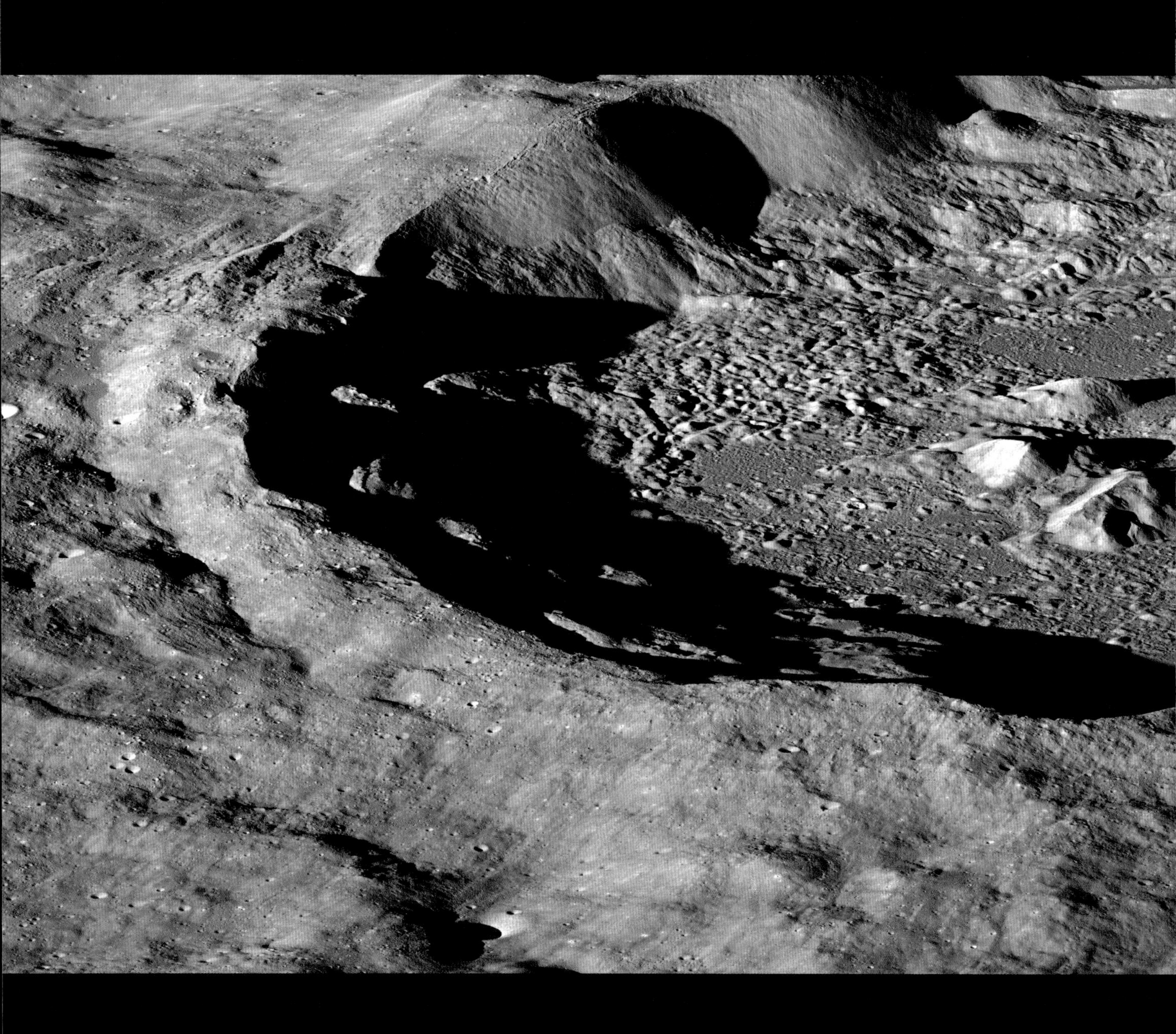

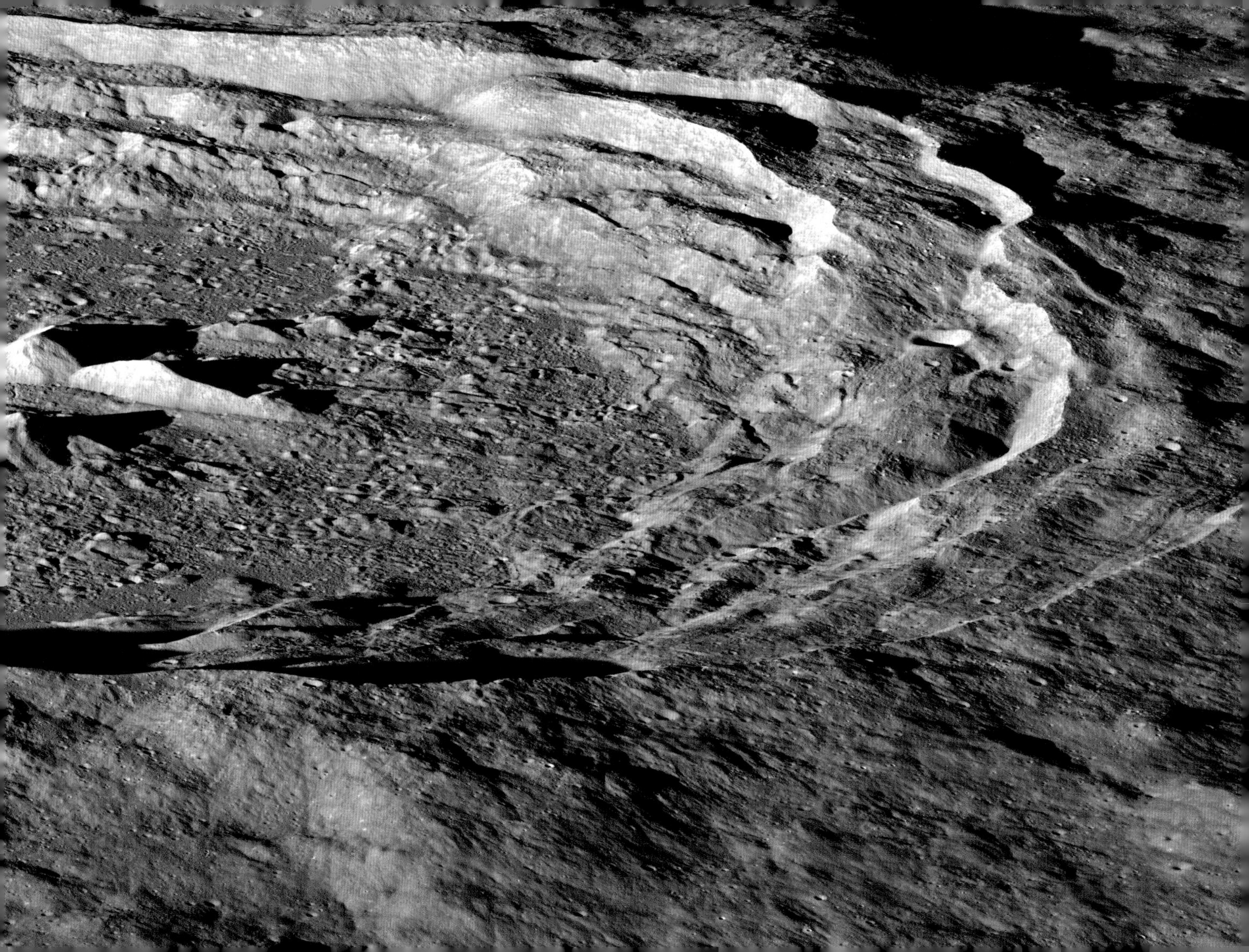

月の
グレートウォール

Great Wall of the Moon

巨大な壁とクレーター

月の裏側の南極近くにある直径140kmの巨大なアントニアジ・クレーターの東側の周壁です。高さ約4000mの断崖絶壁が続いています。手前にクレーターが見えていますが、このクレーターの底は月面で最も低い地点です。

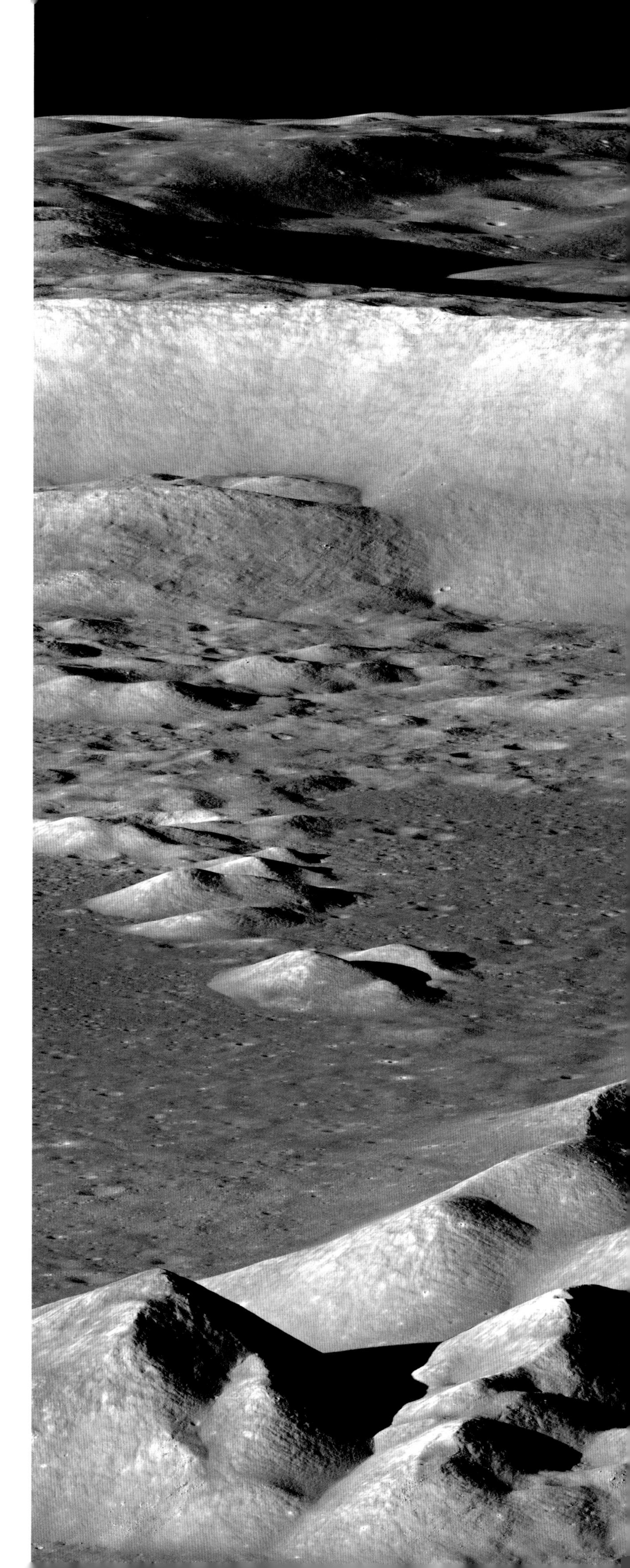

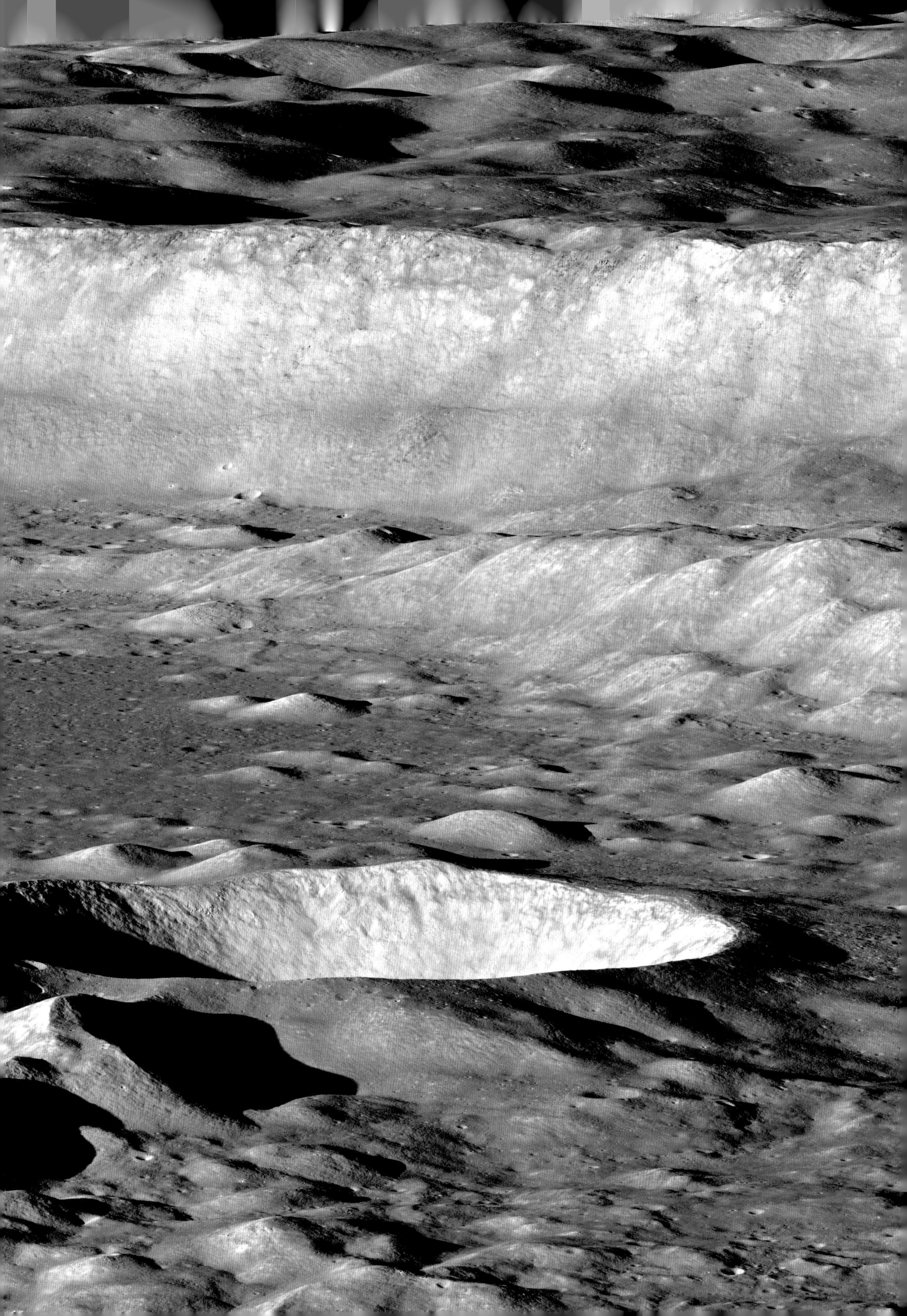

放射状模様をもつ若いクレーター

Young Crater with Radial Mark

美しいレイ構造

満月の頃になると、一部のクレーターから放射状に長く伸びる明るい模様が見えます。これを「光条」または「レイ」と呼びます。天体の衝突によって放出された物質が見えているものだと考えられています。このクレーターは、豊かの海の北の縁近くにある直径180mの名もなき小クレーターです。

黒い二次クレーター

Secondary Crater in Black

画像左の縁に見える最も大きなクレーターは、スクウォドフスカ・クレーターの南西の縁の外側の傾斜地に位置する名前のない小クレーターで、その周辺には黒いハローをもつクレーターがたくさん見えています。隕石衝突でこのクレーターが生成されたとき、垂直方向に飛び散った破片が再び月面に落下して、ハローをもつクレーターを生成したのではないかと考えられています。

クレーター縁の石塊

Rocks at the Edge of Crater

画像の右約1/4付近にクレーターの縁があり、右側がクレーター内部です。たくさんの亀裂がクレーターの縁に沿って形成され、隕石の衝突によって飛び散った岩がクレーターの内部壁面や外側に散乱しています。このクレーターは、月の裏側にあるグロトリアン・クレーターの縁にあり、直径約13.5kmの比較的新しく生成された衝突クレーターです。

おり、白いところは地滑りによって表面
がはがれ落ちた領域です。

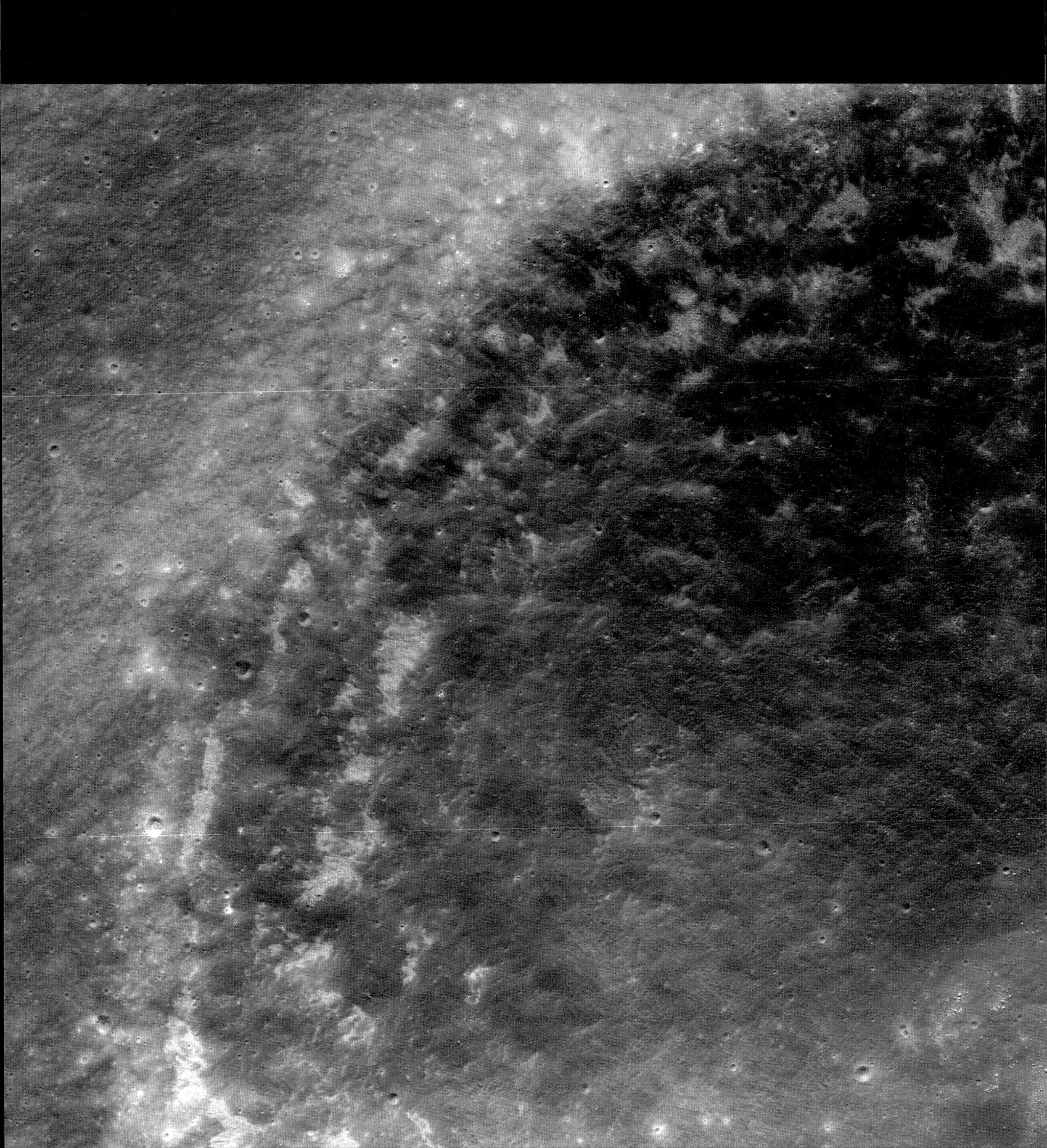

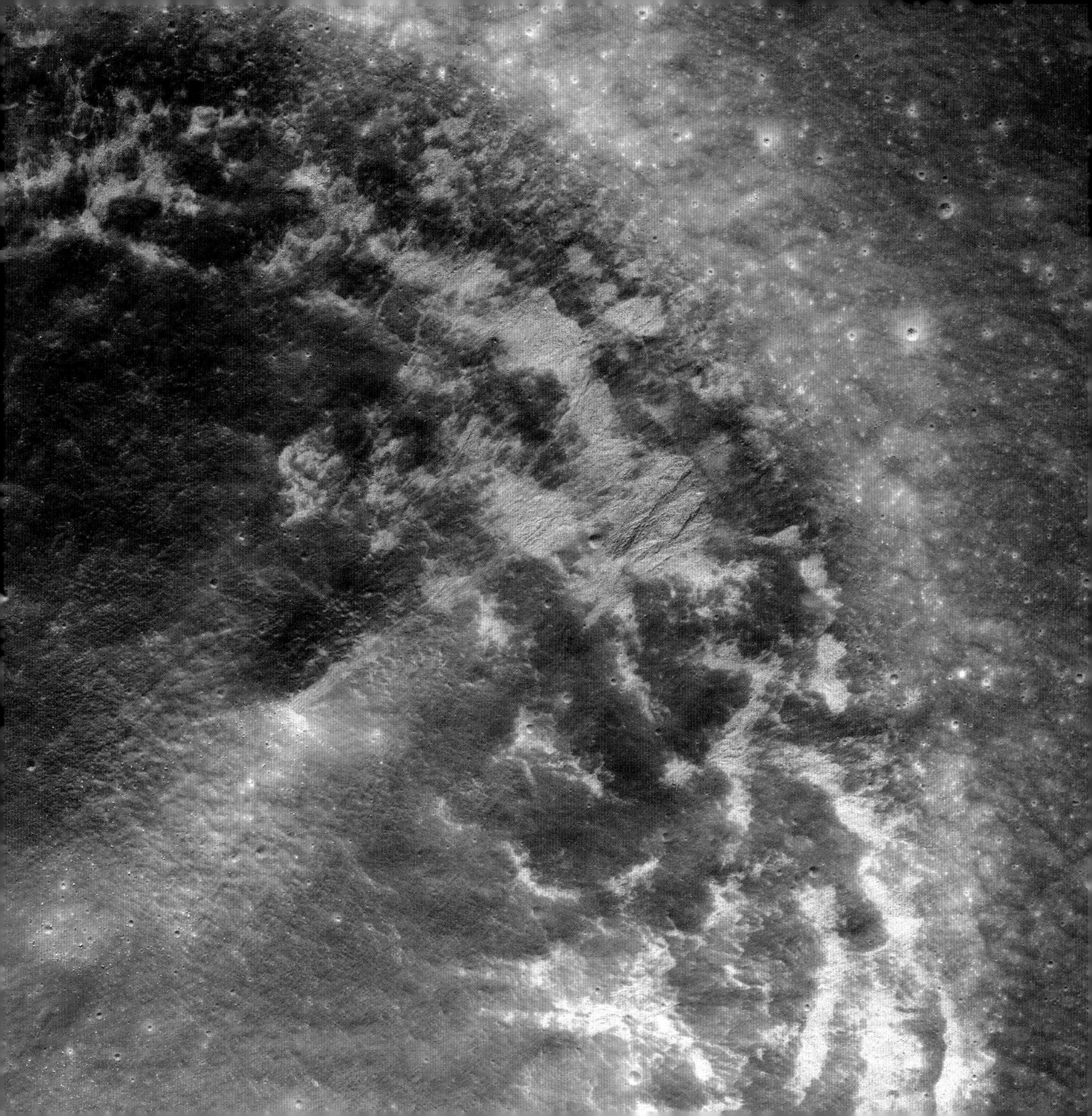

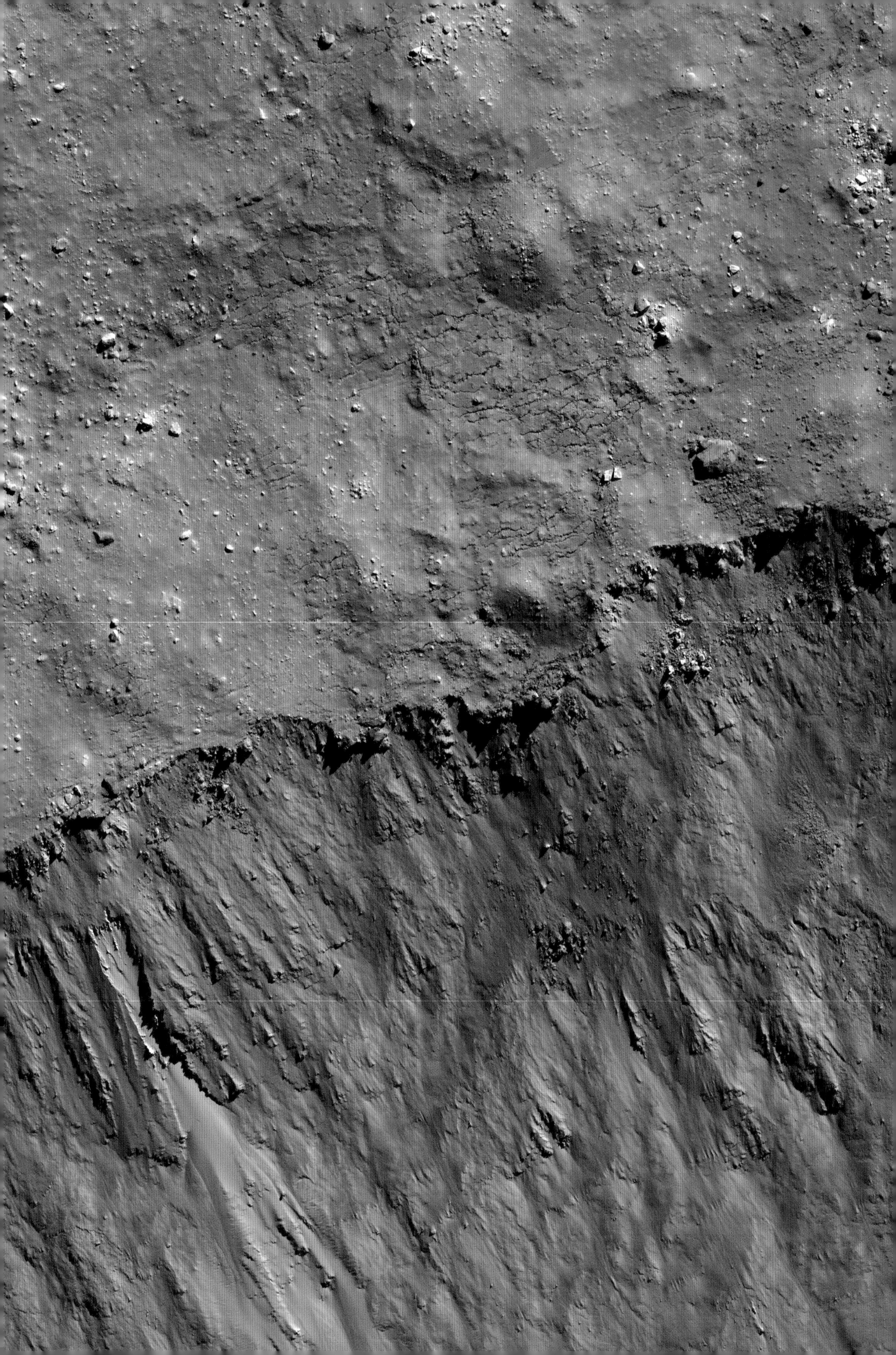

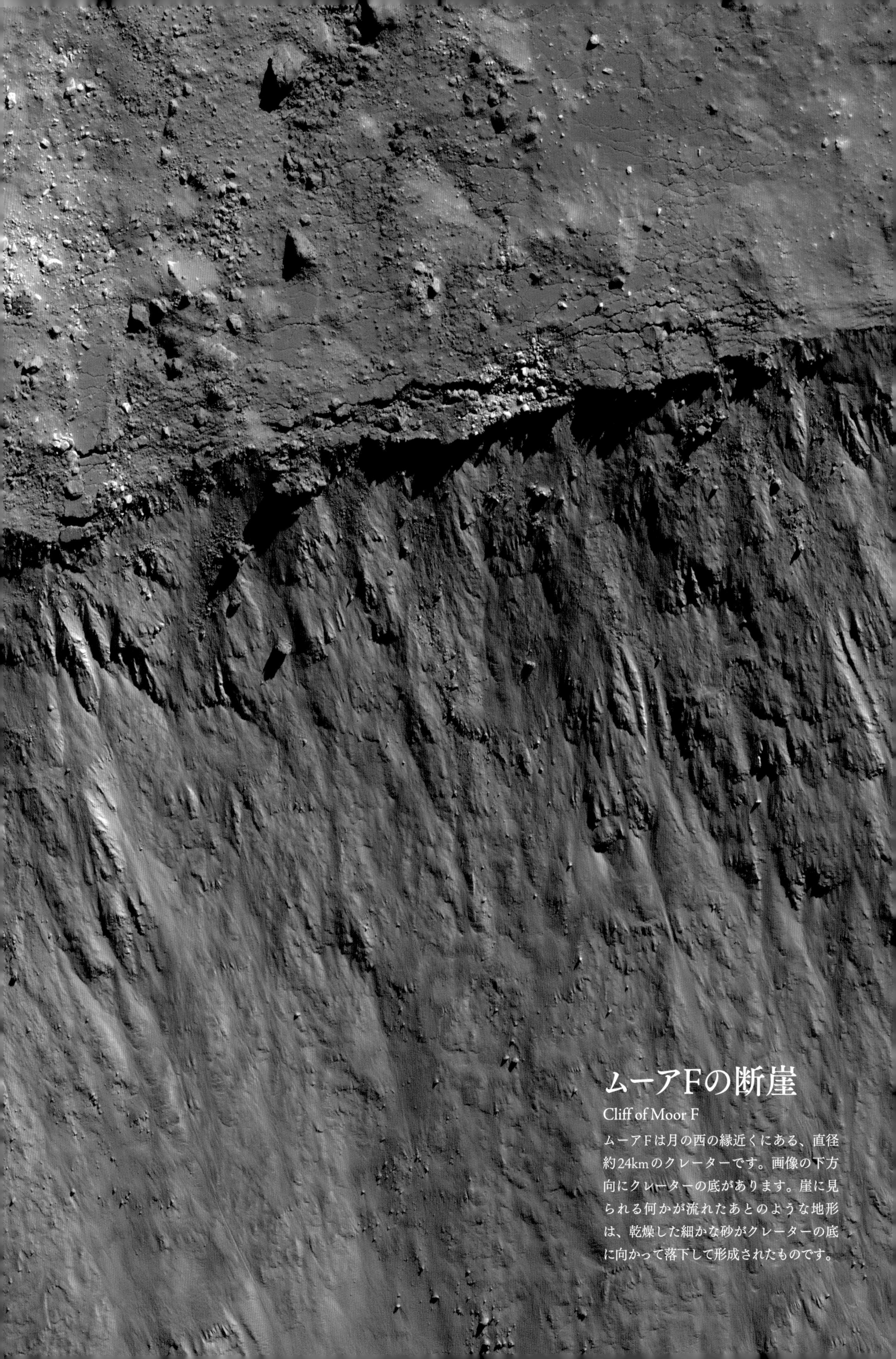

ムーアFの断崖

Cliff of Moor F

ムーアFは月の西の縁近くにある、直径約24kmのクレーターです。画像の下方向にクレーターの底があります。崖に見られる何かが流れたあとのような地形は、乾燥した細かな砂がクレーターの底に向かって落下して形成されたものです。

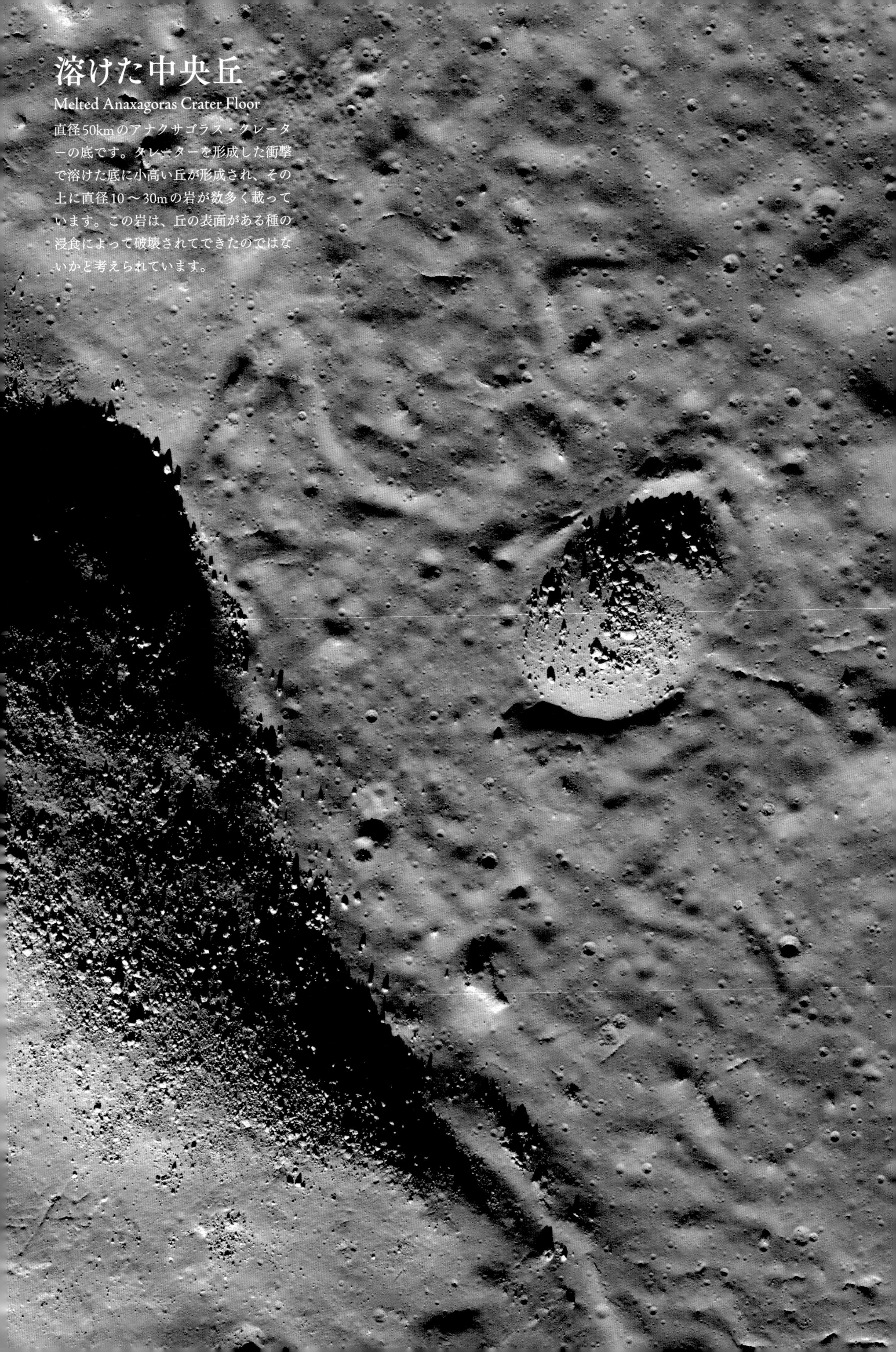

溶けた中央丘

Melted Anaxagoras Crater Floor

直径50kmのアナクサゴラス・クレーターの底です。クレーターを形成した衝撃で溶けた底に小高い丘が形成され、その上に直径10～30mの岩が数多く載っています。この岩は、丘の表面がある種の浸食によって破壊されてできたのではないかと考えられています。

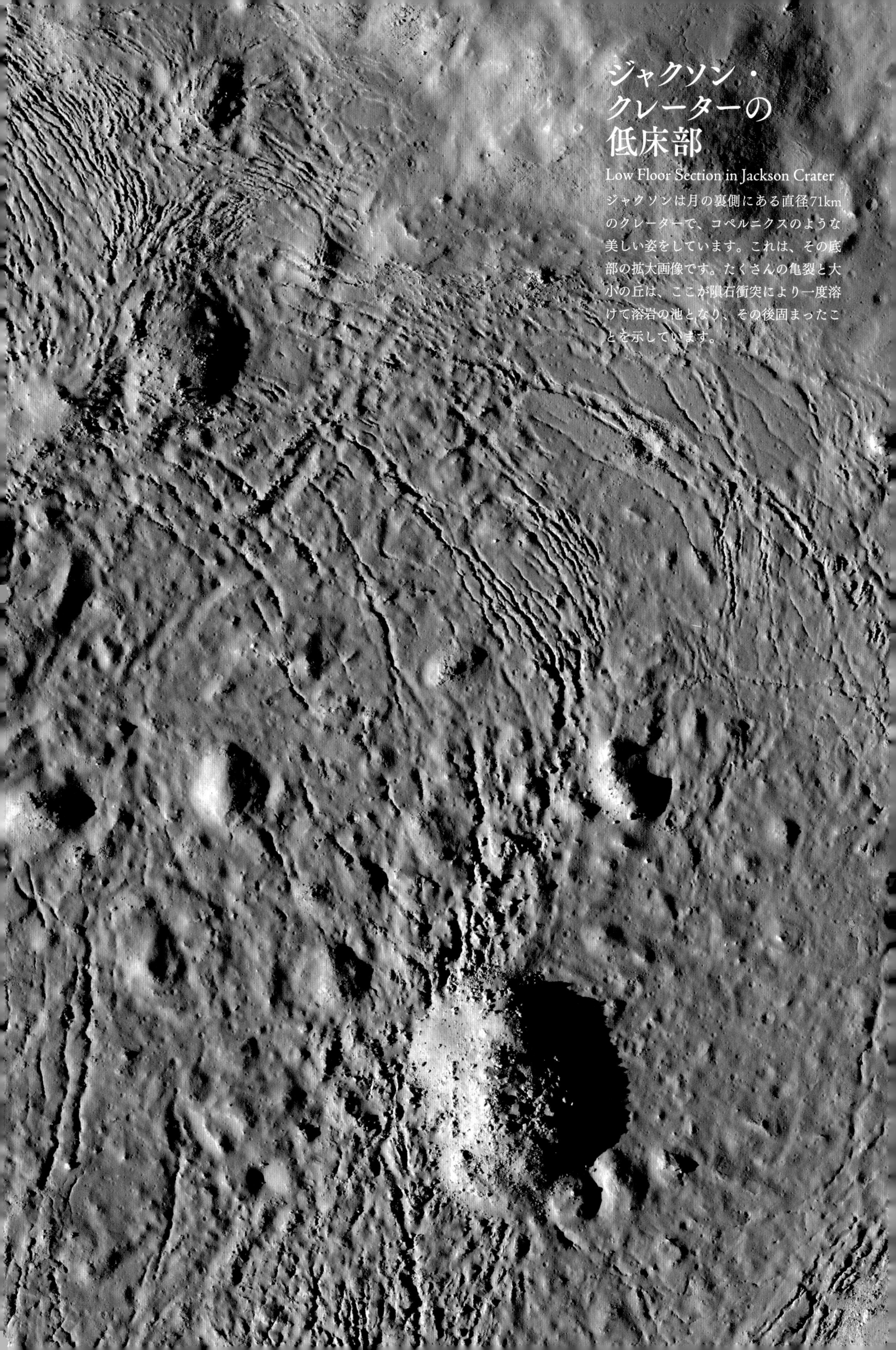

ジャクソン・クレーターの低床部

Low Floor Section in Jackson Crater

ジャクソンは月の裏側にある直径71kmのクレーターで、コペルニクスのような美しい姿をしています。これは、その底部の拡大画像です。たくさんの亀裂と大小の丘は、ここが隕石衝突により一度溶けて溶岩の池となり、その後固まったことを示しています。

リヒテンベルグB

Lichtenberg B

美しいすり鉢形

嵐の大洋の西の端のほうにある直径5kmの小クレーターです。嵐の大洋の表面を溶岩が覆った後に形成された10億歳未満の若いクレーターで、クレーター外縁の岩盤を観測することによって、嵐の大洋を覆う溶岩の厚さがわかります。衝突で飛び散った物質がクレーターの周囲に放射状に広がって光条をつくっています。

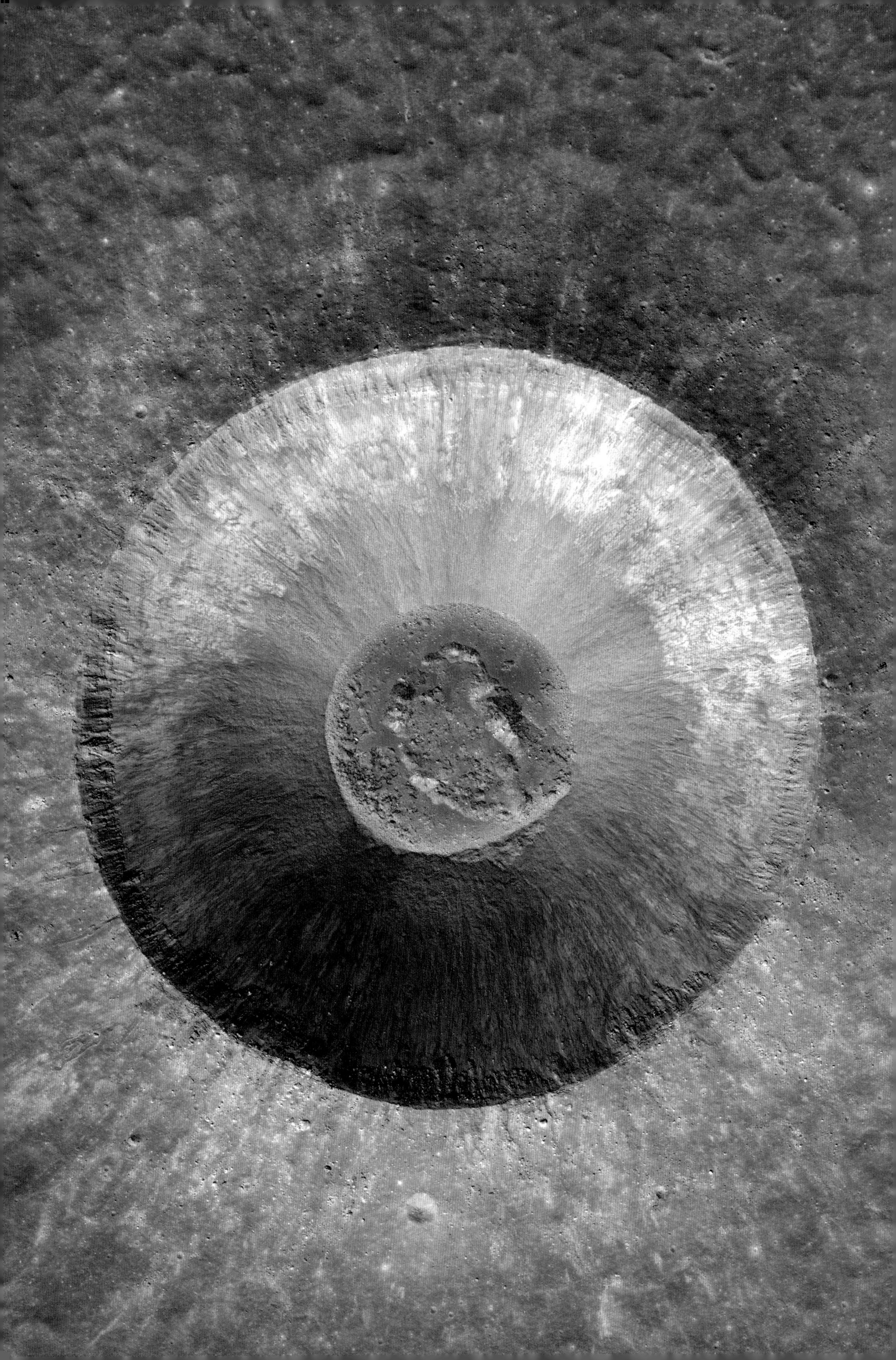

ピュティアス壁面の地滑り

Landslide at Pytheas Rim

ピュティアス・クレーターの南の壁面

左下はクレーターの外側の台地、画像の右上3分の2はクレーターの周壁で、底は画像の右上方向にあります。左下のしずく形の領域で表面がはがれ落ち、右上に向かって滑り落ちています。月面での地滑りは、重力によって物質が高いところから低いところへ移動しようとするのが大きな原因です。ピュティアスは雨の海の南部に位置する直径20kmのクレーターです。

若い火山活動による地形

Topography by Young Volcanic Activity

1969年～1972年、アポロ宇宙船が月から持ち帰った岩石サンプルは、月の火山活動が39億～31億年前に起こり、約1億年ほどで収束したことを示していました。しかし、2009年から始まったNASAのルナー・リコネサンス・オービター（LRO）による観測は、月の内部が考えられていた以上に熱く、その後も火山活動が続いていたことを突き止めました。

マスケリン付近の地形（右上）

マスケリンは静かの海の南東の縁近くにあるクレーターで、これはその近くにある直径500mほどの小クレーターです。白っぽい不思議な模様の地形は火山性の物質だと考えられています。ここは、周囲の黒っぽい領域よりも低い場所となっています。白っぽい模様に取り巻かれた中央右の丸い領域は、周囲より盛り上がったドームです。

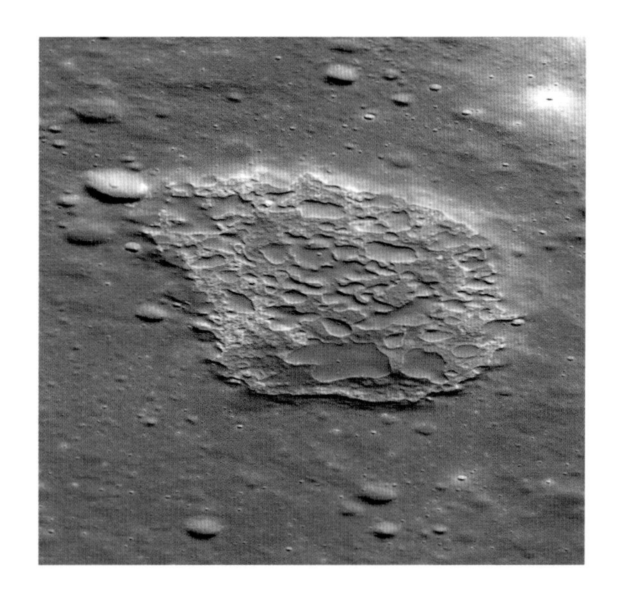

溶解した表面（右下）

イーナ・カルデラと呼ばれる窪地で、直径約2km、周囲より50mほど低くなっています。暗い色の部分は古い地形で、でこぼこした部分は新しい溶岩によって形成された地形だと考えられています。アルキメデスとマニリウスの中間付近、アペニン山脈の東の縁に位置します。

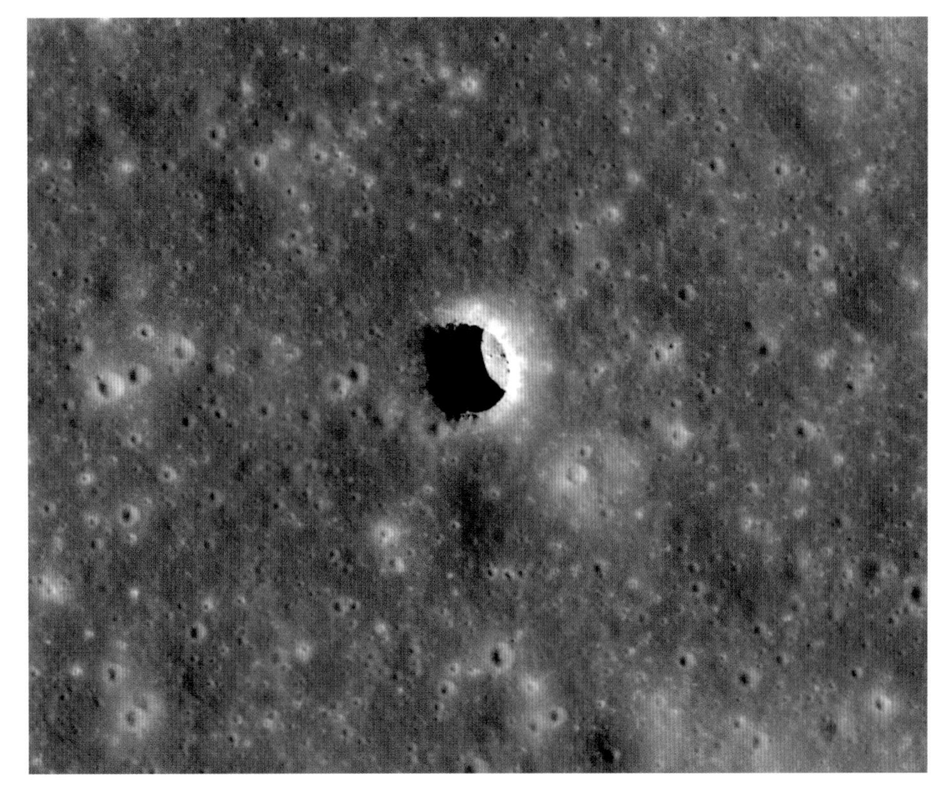

月面の溶岩洞穴

月面には直径5～900mの垂直洞穴が200ほど発見されています。これらはかつて溶岩が月面を流れ、表面が固まった後もその下では溶岩が流れていたものの、やがて溶岩流が止まって通路が空洞となり、天井が崩落して形成されたと考えられています。これと似たような地形は、地球の火山でも見られます。

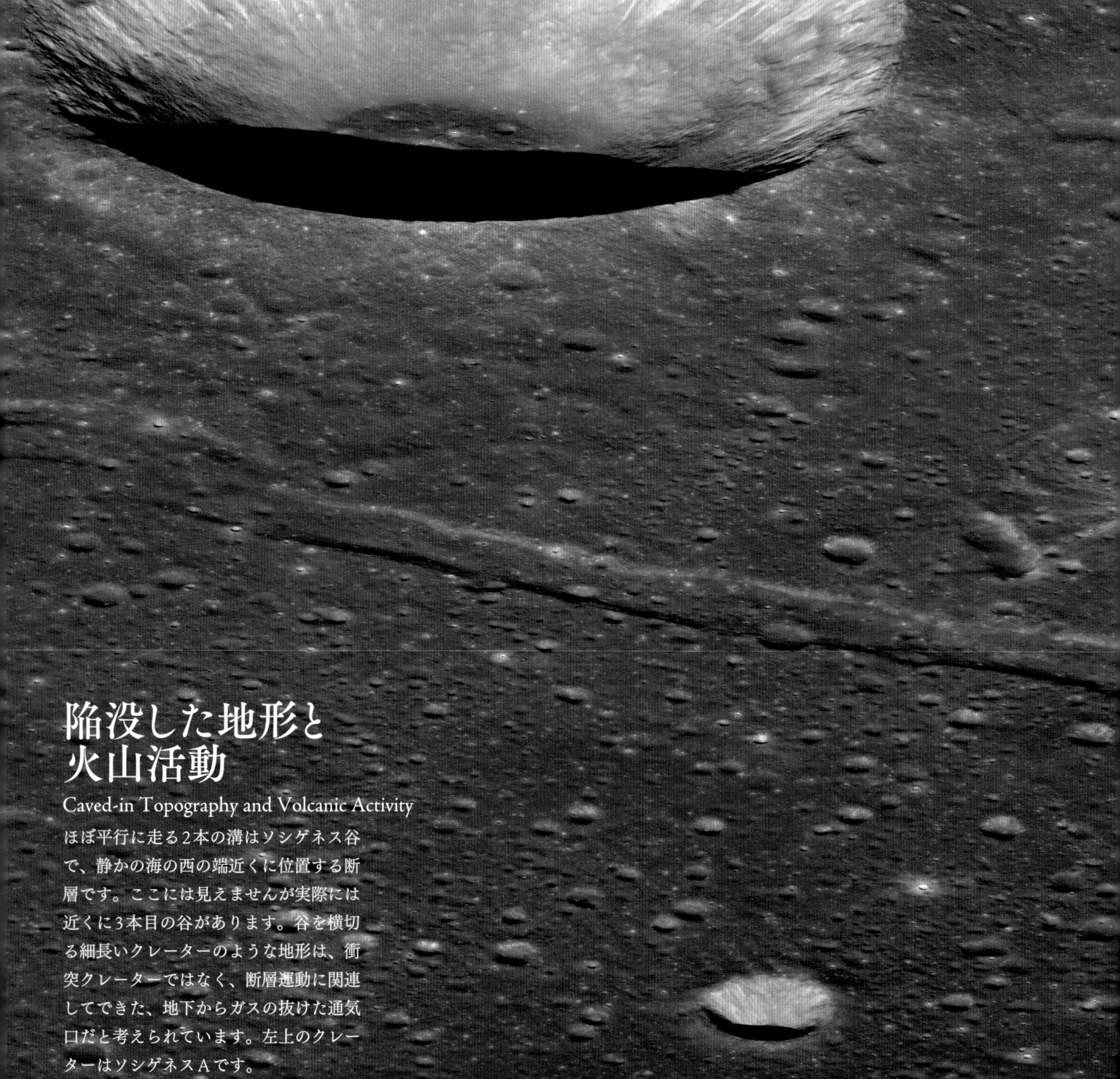

陥没した地形と火山活動

Caved-in Topography and Volcanic Activity

ほぼ平行に走る2本の溝はソシゲネス谷で、静かの海の西の端近くに位置する断層です。ここには見えませんが実際には近くに3本目の谷があります。谷を横切る細長いクレーターのような地形は、衝突クレーターではなく、断層運動に関連してできた、地下からガスの抜けた通気口だと考えられています。左上のクレーターはソシゲネスAです。

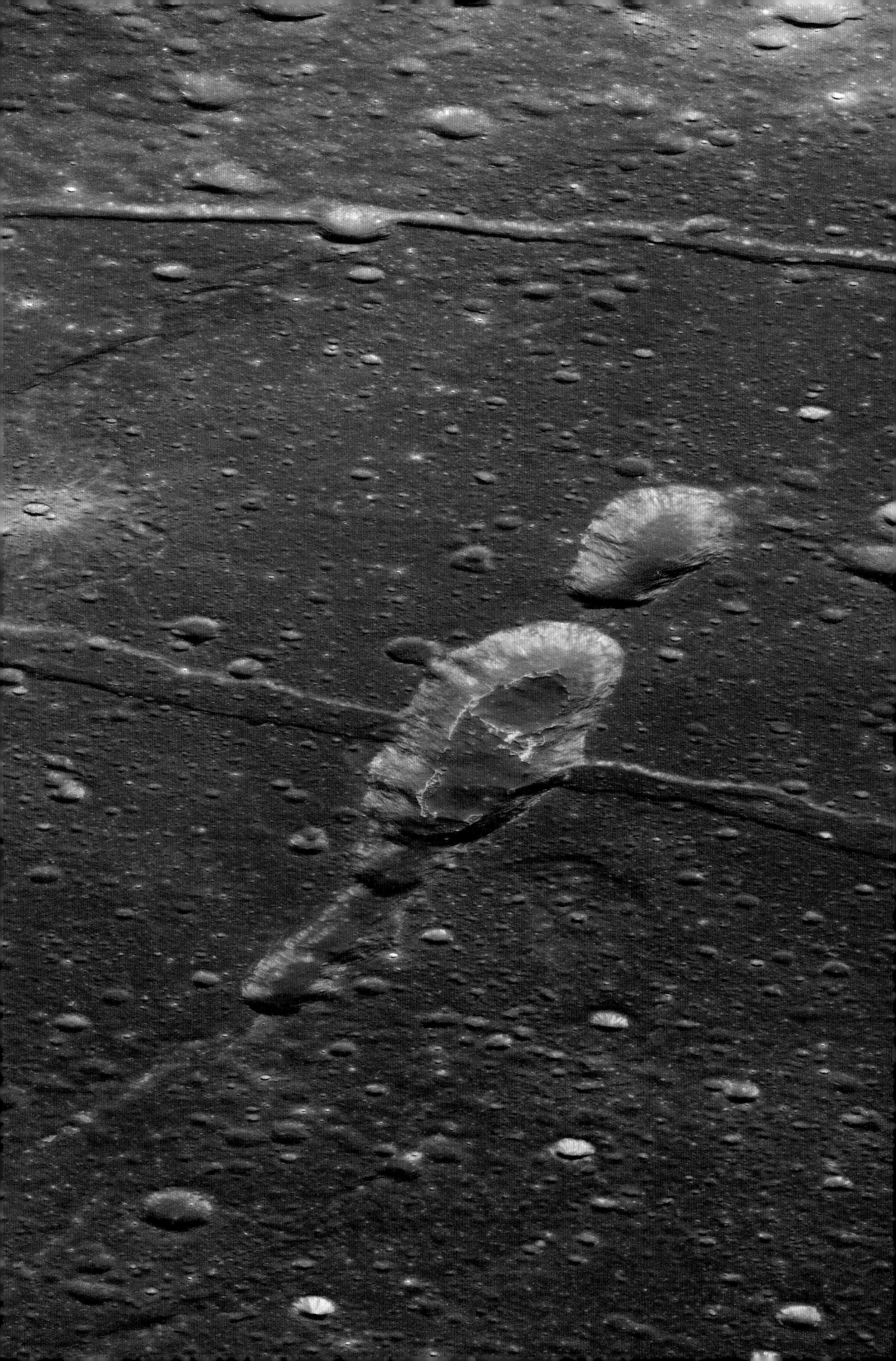

ツィオルコフスキー

Tsiolkovsky

ツィオルコフスキーの全容

ツィオルコフスキーは月の裏側で最も目立つ地形です。直径約180kmのかなり丸い形のクレーターで、暗い色をした玄武岩の溶岩が歪んだハートのような形に底を覆っています。玄武岩の平坦な地形は月の裏側では非常に珍しいものです。

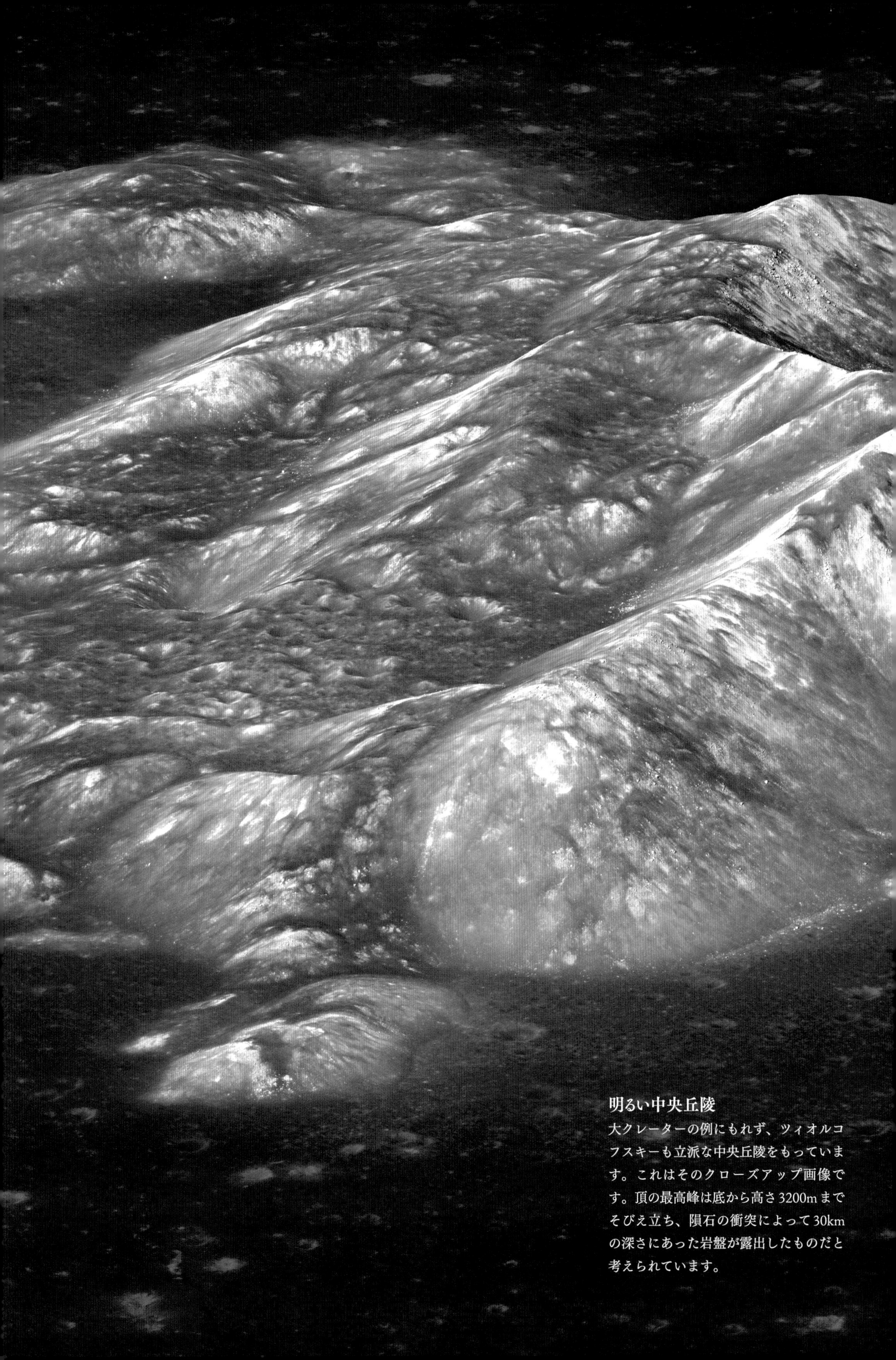

明るい中央丘陵

大クレーターの例にもれず、ツィオルコフスキーも立派な中央丘陵をもっています。これはそのクローズアップ画像です。頂の最高峰は底から高さ3200mまでそびえ立ち、隕石の衝突によって30kmの深さにあった岩盤が露出したものだと考えられています。

アポロ計画の痕跡

Traces of Apollo Program

アポロ計画はアメリカのNASAが1961年から1972年に実施した、有人月探査ミッションです。4号から6号までの無人試験飛行が行われた後、7号では宇宙飛行士が地球周回軌道で最終試験を行い、1968年から1969年にかけて8号、9号、10号は宇宙飛行士を乗せて月の周りを回って帰ってくることに成功しました。そして、ついに1969年7月20日、アポロ11号は月面着陸を果たしました。人類は初めて月面に降り立ったのです。以後、1972年12月のアポロ17号まで、13号を除いた合計6機のアポロ月着陸船が月面に降り、土壌サンプルを採取し、たくさんの科学観測装置を月面に設置し、莫大な量の画像を撮影しました。その栄光の軌跡を、イーグル・アイとも呼ばれるほど高性能なLROのカメラが、月周回軌道上から捉えました。

アポロ計画
アポロ計画では、6機、12名の宇宙飛行士が月面に降り立ちました。月は荒涼とした灰色一色の世界で、表面は数cmから数mもの厚さに積もった細かな塵（レゴリス）に覆われていました。空気がなく、日向は高温ですが、日陰は低温のため、宇宙飛行士は身を守るために宇宙服を着用しています。風が吹くことも雨が降ることもないため、宇宙飛行士の印した足跡は半永久的に消えることはありません。画像はアポロ15号のアーウィン宇宙飛行士です。

アポロ11号
アポロ11号は1969年7月20日、「静かの海」に着陸しました。画像のほぼ中央部に細長い影のある白い突起のようなものが見えますが、これがアポロ11号月着陸船の台座部分です。宇宙飛行士は人類で初めて月面に降り立ち、周囲に観測機器などを設置して帰還しました。

アポロ12号
1969年11月24日、「嵐の大洋」に着陸しました。画像の中央上のほうに月着陸船の台座部が見えています。183m離れたところに軟着陸している無人月着陸船サーベイヤー3号（1967年、月に軟着陸：画像右端中央付近に見える黒い模様の中央にある白点）を訪れるなど、宇宙飛行士の活動範囲が広がりました。

アポロ14号

1971年2月5日、初めて平坦な「海」ではなく、起伏の激しい「フラマウロ丘陵」に降り立ちました。ここは、「雨の海」に近く、「島の海（アポロ計画当時は「嵐の大洋」の一部)」、「既知の海」、高地、山脈、谷などが境を接しているところで、画像中央やや右の黒い部分がアポロ14号月着陸船着陸地点です。

アポロ15号

1971年7月30日、アポロ15号はアペニン山脈近くの高地と海の境界付近に降り立ちました。画像の中央、黒い領域の中央に見える白い物体がアポロ15号着陸船の台座部分です。14号まで宇宙飛行士は月面を徒歩で移動していましたが、15号からは月面車が使われ、活動範囲が大きく広がりました。

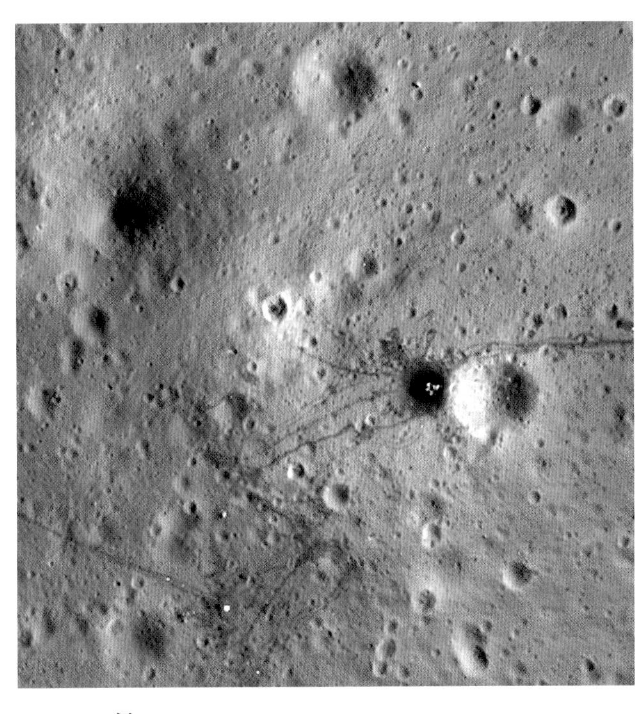

アポロ16号

中央やや右にアポロ16号月着陸船の台座部分が見えています。16号は1972年4月21日、デカルト高地に着陸しました。これまでの月面活動で持ち帰った石が、歴史的に比較的新しい「海」起源のものであることから、より古い高地を形成する石のサンプル収集を目的としていました。

アポロ17号

アポロ計画最後の月着陸船で、1972年12月11日に月面に到着しました。画像中央の白い像が、タウルス・リトロー渓谷に着陸したアポロ17号月着陸船の台座部分です。17号では初めて地質学者が月面に降り、岩石の採取を行いました。黒い筋模様は、宇宙飛行士が徒歩または月面車で移動した跡です。

マリリン
Marilyn

アポロ10号とマリリン

アポロ宇宙船は、月面に降りる月着陸船と、軌道を周回しながら観測を行う司令船からなります。この画像は切り離された月着陸船から撮影した司令船と月面です。画像左上の三角形の山はアポロ8号の宇宙飛行士ラベルが夫人の名前をつけてマリリン山と呼んだことからNASAではニックネームとして使われるようになりましたが、正式にはセッキ山脈といいます。豊かの海の北西の縁近くに位置する幅50kmの山脈です。下は、ルナー・リコネサンス・オービターが撮影したマリリン山の詳細画像です。

ハドリー山とアポロ15号

Mons Hadley and Apollo 15

ハドリー裂溝とハドリー山

画像中央を左下から右上に走っている起伏の激しいところがアペニン山脈で、中央部で山脈の左側を曲がりくねって続く溝がハドリー谷です。ハドリー谷の総延長は約130kmで、深さは平均180～270mあります。矢印の先にアポロ15号が着陸しました。矢印の上にある白く輝く山がハドリー山で最高峰は4000m、すぐ下がハドリー・デルタ山で3500mあります。山と谷に囲まれた領域にアポロ15号が着陸したことがわかります。

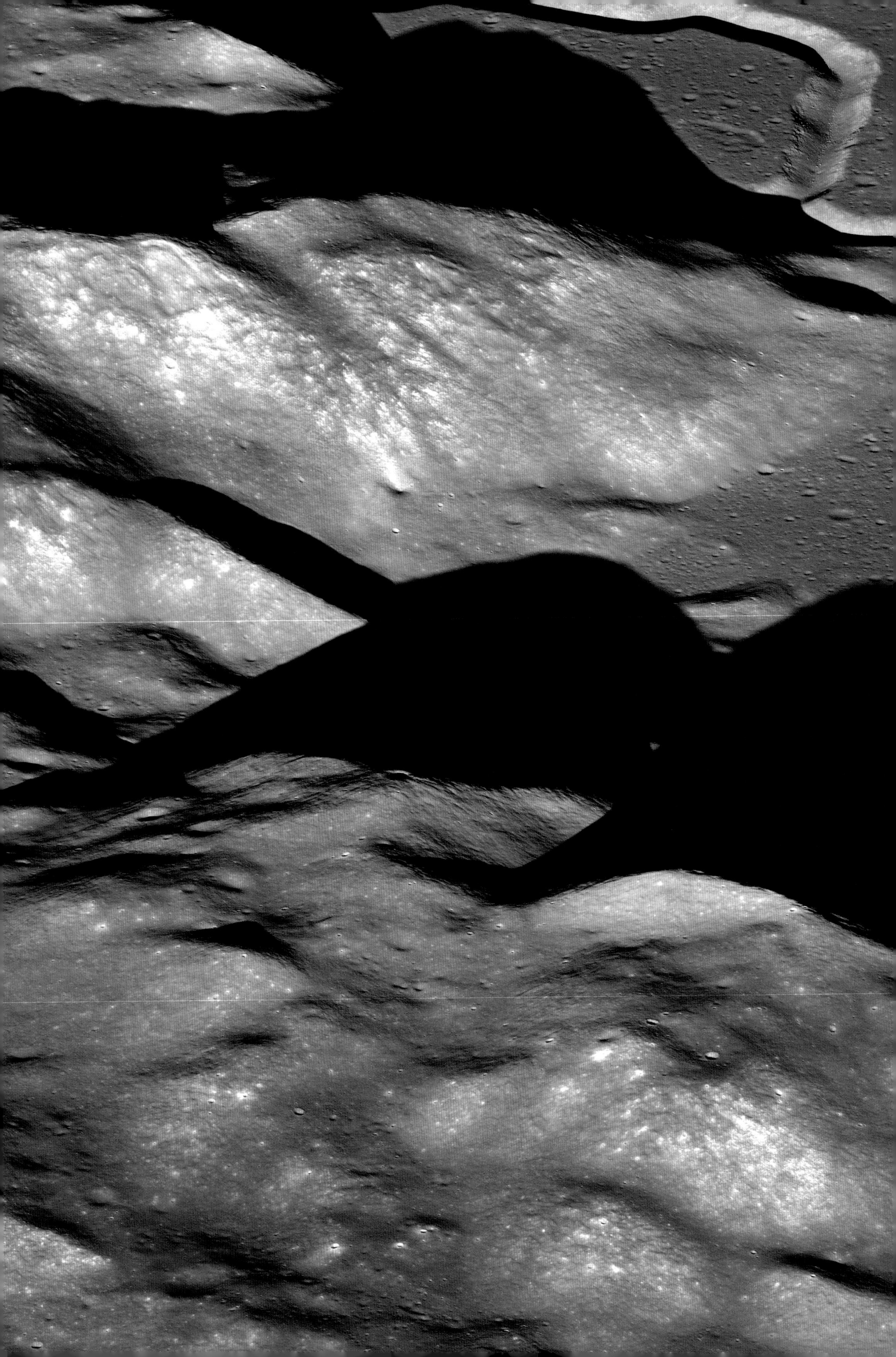

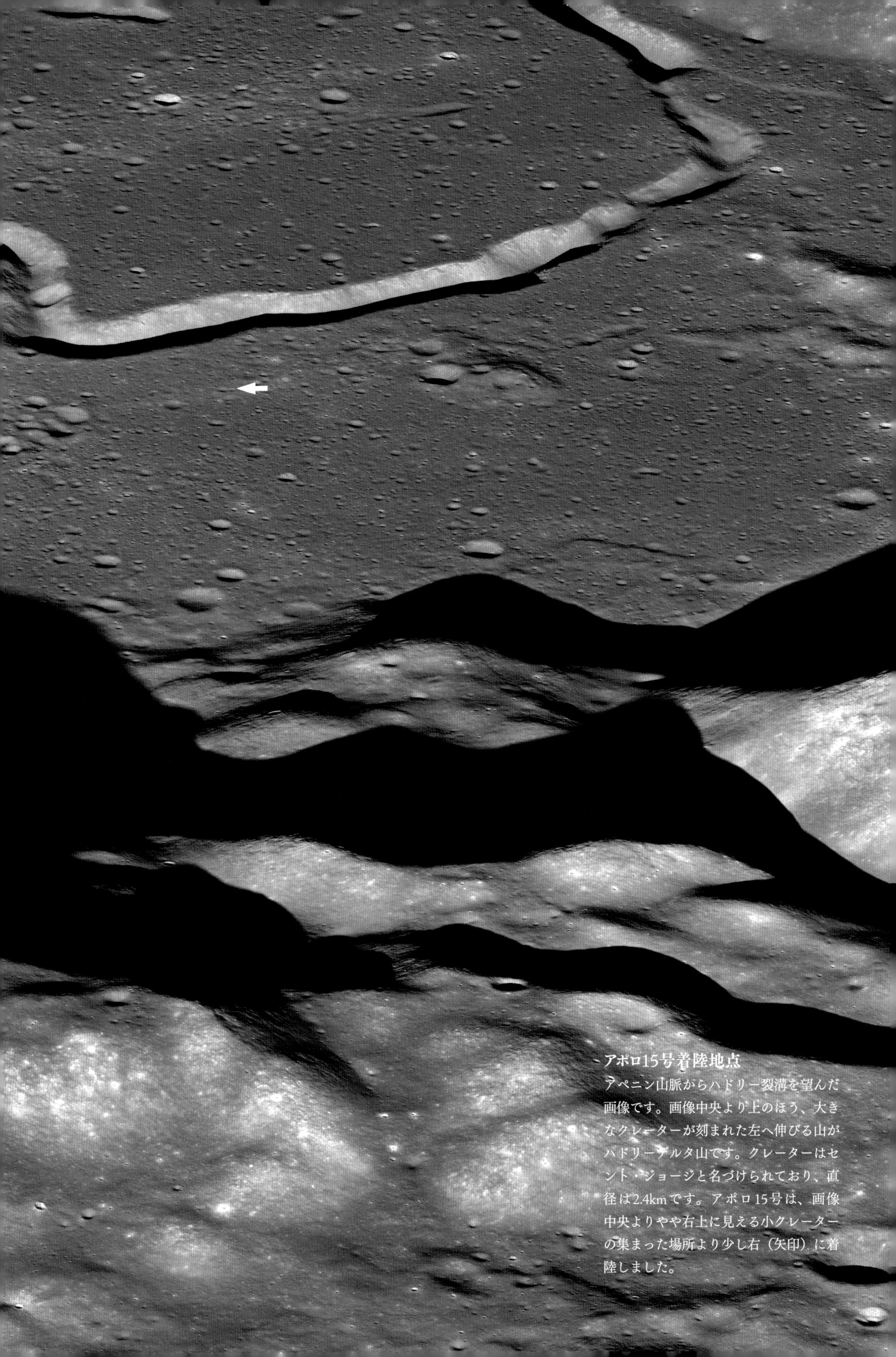

アポロ15号着陸地点

アペニン山脈からハドリー裂溝を望んだ画像です。画像中央より上のほう、大きなクレーターが刻まれた左へ伸びる山がハドリーデルタ山です。クレーターはセント・ジョージと名づけられており、直径は2.4kmです。アポロ15号は、画像中央よりやや右上に見える小クレーターの集まった場所より少し右（矢印）に着陸しました。

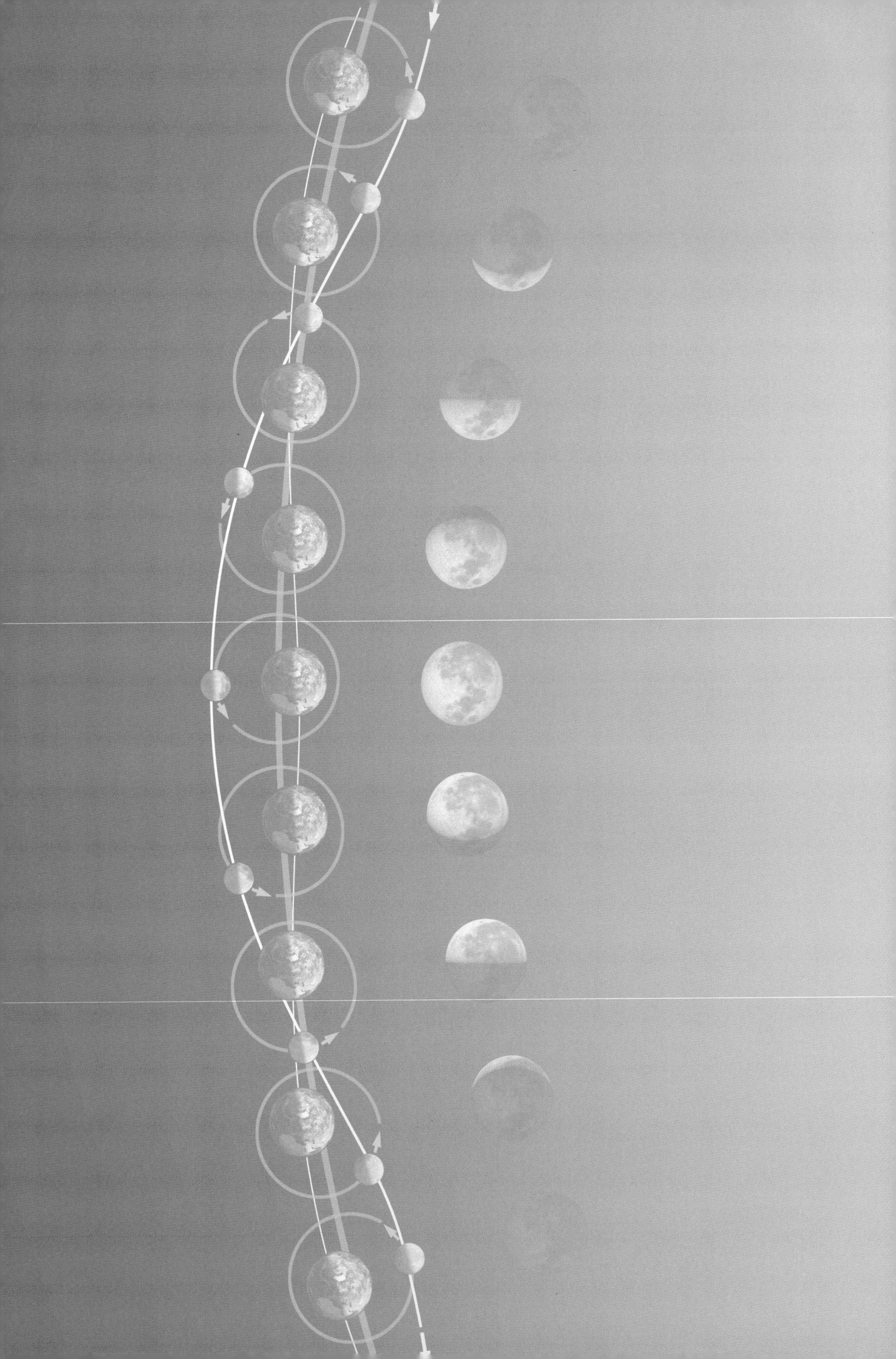

第4章
Chapter Four

月を知る
Observing the Moon

　地球から見た月、探査機による月面の詳細画像、これらの視覚的な情報によって、私たちは多くの事実を知り、同時に多くの新しい興味があふれてくるのを感じます。実際、月に関する情報はあまりに多く、さまざまな分野に及んでいます。
　まず、はじめに、月に関する人類の認識がどのように変遷し、今日どのような探査が行われているかについて紹介します。次は、月はなぜそこにあるのか、月はどのようにして誕生したかについてまとめ、さらに興味深い謎の発光現象、月の動き、今後の日食・月食の予報、最後に月の観察のしかたを紹介しています。特に、日食や月食がどのようにして起こるのか、月が惑星や星を隠す現象はどうしてたまにしか見られないのか、また、秤動がどのようにして起こるのかといった、難解と思われがちな月の運行についてわかりやすく紹介することに努めました。

地球平面説

1888年、フランスの天文学者で作家でもあるカミーユ・フラマリオンによって書かれた『大気：一般気象学』という本に掲載された彫刻画で、「地球平面説」という古い考えを説明するために使用されたものです。この図では、世界は平面で続いており、その中心にはキリスト教の教会が描かれています。

移り変わる月の姿

Vicissitudes of Moon's Figure

月の光は暗い夜を明るく照らし、人間を闇夜の危険から守ってくれたり、狩りをするときに必要な視界をもたらしてくれたりと、文明を持たない頃から人類にとって大切な存在だったと思われます。

やがて、古代文明が花開くと、たとえば、古代ギリシャではアルテミス女神、日本では月読命(つくよみのみこと)などと呼ばれて、神の化身だとして崇められました。

また、メソポタミア文明や古代ギリシャ、古代ローマ文明では、月の満ち欠けから暦が作られました。古代ギリシャのアリストテレスは、地球の周りを月や太陽が回っており、私たちに最も近い月は天国の入り口だと考えました。この概念

昔の宇宙観

古代ギリシャ～ローマ時代に考えられていた宇宙観です。中心に地球、すぐ外側に月が回っています。

さそり座を運行する月

13世紀に活躍したイタリアの占星術師グイド・ボナッチが著した『天文学の本』に記された月で、さそり座を運行しているようすと思われます。

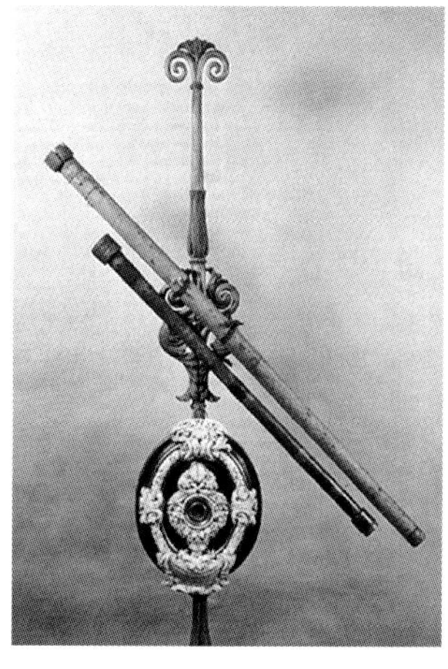
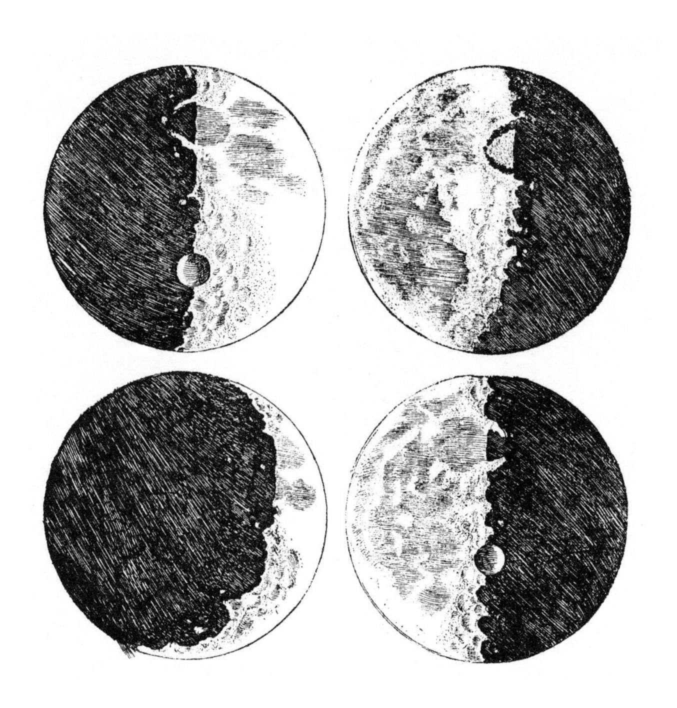

ガリレオ・ガリレイと望遠鏡

イタリアの天文学者ガリレオ・ガリレイ（左）と、彼が使用した望遠鏡です。2本のうち、上の長いほうは対物レンズの有効口径26mm 焦点距離1330mm、倍率は14倍で視野は15分（月の直径の半分）。下は対物レンズの有効口径15mm、焦点距離は980mm、倍率は約21倍、視野は15分でした。右の図は望遠鏡を用いて描いた月のスケッチで、1610年に出版した『星界の報告』に掲載したものです。

はそれから1000年にわたって中世ヨーロッパで信じられていきました。

しかし、1600年になると、イギリスの科学者ギルバートが初めて眼視観測した月面図を発表し、月は科学的な対象物へと変化を始めました。1610年にはイタリアの天文学者ガリレオ・ガリレイが、初めて望遠鏡を使って観察した月のスケッチが発表されました。その月面図には、はっきりとクレーターの姿が描かれていました。

それにもかかわらず、19世紀半ばになっても、アメリカの新聞『サン』に「翼を持った月人が発見された」との記事が掲載されてセンセーショナルを巻き起こすなど、月はいまだ、空想の世界と科学の狭間にありました。フランスのジュール・ベルヌをはじめとするSF作家たちは、物語の中で月に行く方法や月の世界を考え出し、月人の姿を生き生きと描き、もてはやされました。

月が大小無数のクレーターに覆われ、水も空気もなく、生命が存在するには過酷な環境であることを人類がはっきり知るのは、1959年、人類初の無人探査機が月を訪れたときです。

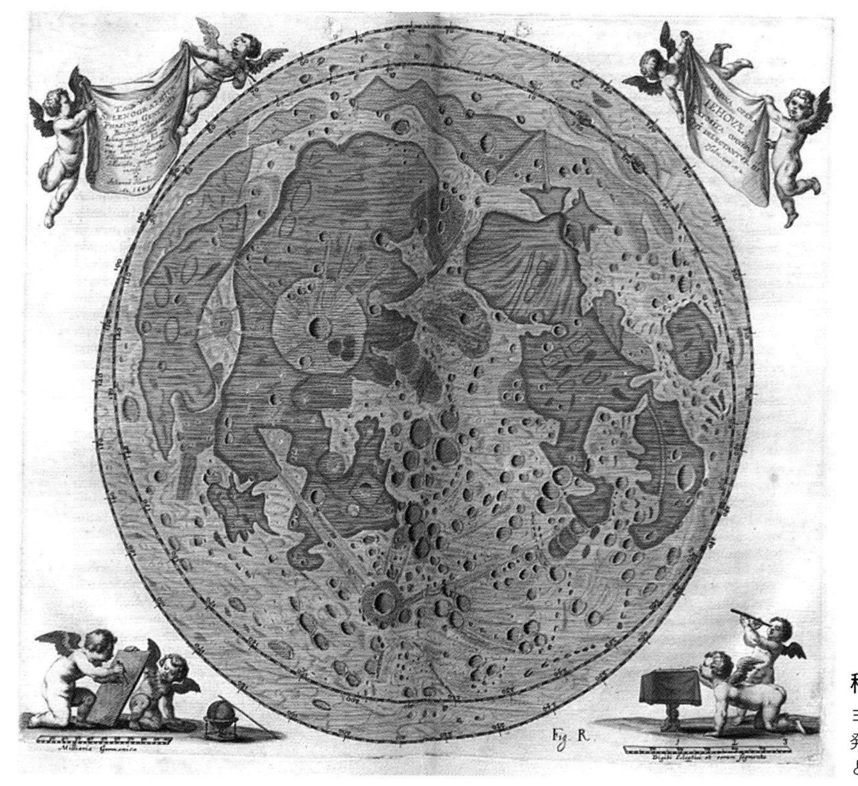

秤動を描いた初めての月面図

ヨハネス・ヘベリウスによって1647年に発表された『月面学（Selenographia）』とともに印刷された月面図です。

月世界旅行

フランスのジョルジュ・メリエスが1902年に制作した映画の一コマです。H. G. ウェルズとジュール・ベルヌのSFをもとに、巨大な砲弾に乗って月に行くという短編無声映画です。

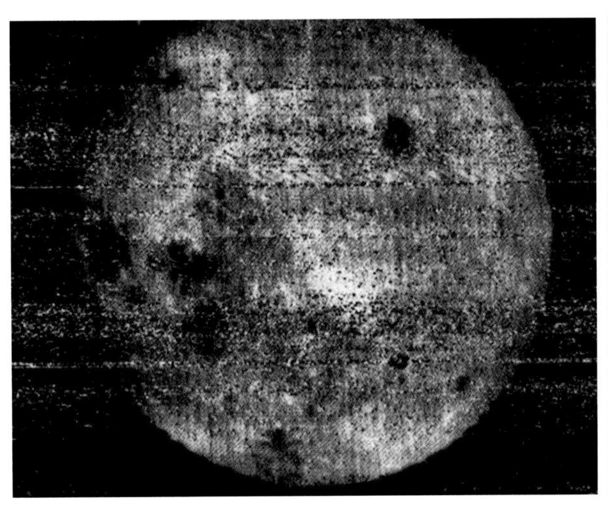

旧ソ連の月探査

冷戦時代、アメリカと旧ソ連は宇宙開発競争を繰り広げ、月に一番乗りをしたのは旧ソ連でした。左はルナ3号が撮影し、人類が初めて目にした月の裏側、右はその成功を記念して作られた切手です。

月面探査とアポロ計画

Lunar Exploration and Apollo Project

20世紀半ば、世界中を巻き込んだ第二次世界大戦終了後、アメリカと旧ソ連は二大大国として対峙し、互いに国威発揚や軍事的優位に立つことを目的に宇宙開発競争を繰り広げました。そして、その熾烈な競争は月をめぐっても行われました。

1959年、旧ソ連のルナ2号は人類が作った探査機で初めて月に到達。同年、ルナ3号は月の裏側を撮影し、1966年ルナ9号は月面に軟着陸、10号は月の周回軌道を回ることに成功しました。

当初アメリカは大幅に後れをとり、初めて月面に到達したのは1964年です。しかし、その後、旧ソ連から遅れること4か月で軟着陸に成功し、5か月遅れで月の周回軌道に探査機を送り込むと、旧ソ連とは違ってデータの多くを世界に公表し、人々は荒々しく荒涼とした月面に驚かされました。その月に人間を送るのがアメリカの月面探査の最終章「アポロ計画」でした。1969年7月、アメリカの有人宇宙船アポロ11号が初めての月面着陸に成功すると、1972年12月のアポロ17号まで6機のアポロ宇宙船が月面を

月面有人探査の成功

月面に立つアポロ11号の宇宙飛行士オルドリン。空気を送り、内部の温度を一定に保つ宇宙服の重さは80kgにもなりますが、月の重力は地球の1/6であるため、月では約13kgでしかありません。

レーザー反射板

月面に設置されたレーザー反射板。これを使って、地球と月の距離がmm単位の誤差で測定できるようになり、月が1年に3.8cmずつ地球から遠ざかっていることが判明しました。

サーベイヤー探査機との再会

アポロ12号の宇宙飛行士コンラッドとサーベイヤー3号。2年半月面にあったサーベイヤーのレンズ内に地球のバクテリアが生き残っていたことが発見され、科学者を驚かせました。

月の表面

アポロ15号の宇宙飛行士が撮影した月面です。遠方の山はアペニン山脈、右の高い山がハドリー・デルタ山です。手前の岩だらけの地形は、比較的新しい、名前のない小クレーターの側面です。

月面パノラマ

アポロ計画最後の飛行となるアポロ17号は起伏の大きな月の高地タウルス・リトロー谷に着陸しました。右に見える大きな山は2000m以上の高さがあります。

訪れ、12人の宇宙飛行士が月面を歩きました。彼らは自らの目で見て興味深い対象を撮影・調査をし、岩石を採取しました。

一方、旧ソ連はルナ16号を月面に軟着陸させ、岩石サンプルを採取して地球に戻すことに成功しましたが、旧ソ連もまた、1976年を最後に月探査から撤退してしまいました。

月面を写したカメラ

アポロ計画では14 台のハッセルブラッド500EDC（6×6cmフォーマット）が使用されましたが、フィルムマガジンを除いてほとんどの本体が月に置き去りにされました。唯一アポロ15号が持ち帰ったカメラは、2014年のオークションでヨドバシカメラの創業者藤沢昭和氏によって落札されました。

旧ソ連の無人月面探査車

アポロ11号の月面着陸成功で有人月面探査をあきらめた旧ソ連は、地球から遠隔操作する無人探査車ローバーの開発を進めました。1970年、ルノホート1号は人類初の無人探査車となりました。アメリカが小型ローバーを火星に送ったのはそれから27年も後のことです。左は着陸機からスロープをつたって月面に降りるルノホートのイラスト、右はルノホートの模型です。

ガリレオ探査機が捉えた月

木星探査機ガリレオが、地球の重力を利用してフライバイし、月の北極上空を通過したときに撮影した画像です。左下にある丸く暗い部分が危難の海、上のほうには雨の海と虹の入り江が見えています。

ルナー・リコネサンス・オービター(LRO)

2009年にアメリカが打ち上げた最新の月周回探査衛星です。LROは月の上空約50kmを周回し、搭載された高解像度カメラは表面の50cmのものまで識別できる分解能を有します。アポロ計画をはじめとした月着陸探査の痕跡を撮影することに成功し公開しました。本書では、多くのLROの画像を使用しています。

最新の月面探査

Latest Lunar Mission

アポロ計画終了後、アメリカ、旧ソ連ともに、月探査への情熱を失ってしまったかのようでした。しかし、1994年にアメリカのクレメンタインが、1998年にはルナ・プロスペクターが月に送り込まれ、21世紀に入ると、日本、ESA(ヨーロッパ宇宙機関)、中国、インドが月探査に参入し、再び月面探査に熱い眼差しが注がれています。その目標は再び人類が月面に降り立つことと、月がなければ地球に生命は誕生しなかったといわれる月の正体を明らかにすることです。

各国の月面探査機は高解像度のカメラと高性能な観測装置を携え、人類が降り立つのに適した場所の選定のためのデータ収集や、水や有益な鉱物資源の捜索を行っています。特に、2009年に打ち上げられたアメリカのルナー・リコネサンス・オービターが撮影した詳細な月面画像は、インターネットで世界に公開され、驚異の月面のようすを楽しむことができています。

天然の橋

LROが撮影した幅7～9m、長さ20mの橋です。右の穴は深さ6m、左は12mあり、右の穴から差しこんだ光が左の穴の底を一部照らしています。

極地方に計画された月面基地

極地の深いクレーターの底は永久に太陽光が当たらず、水の氷が大量に存在すると考えられています。一方、クレーターの周壁上は太陽光が当たり続けて太陽光発電も可能なため、月面基地には最適だと考えられています。

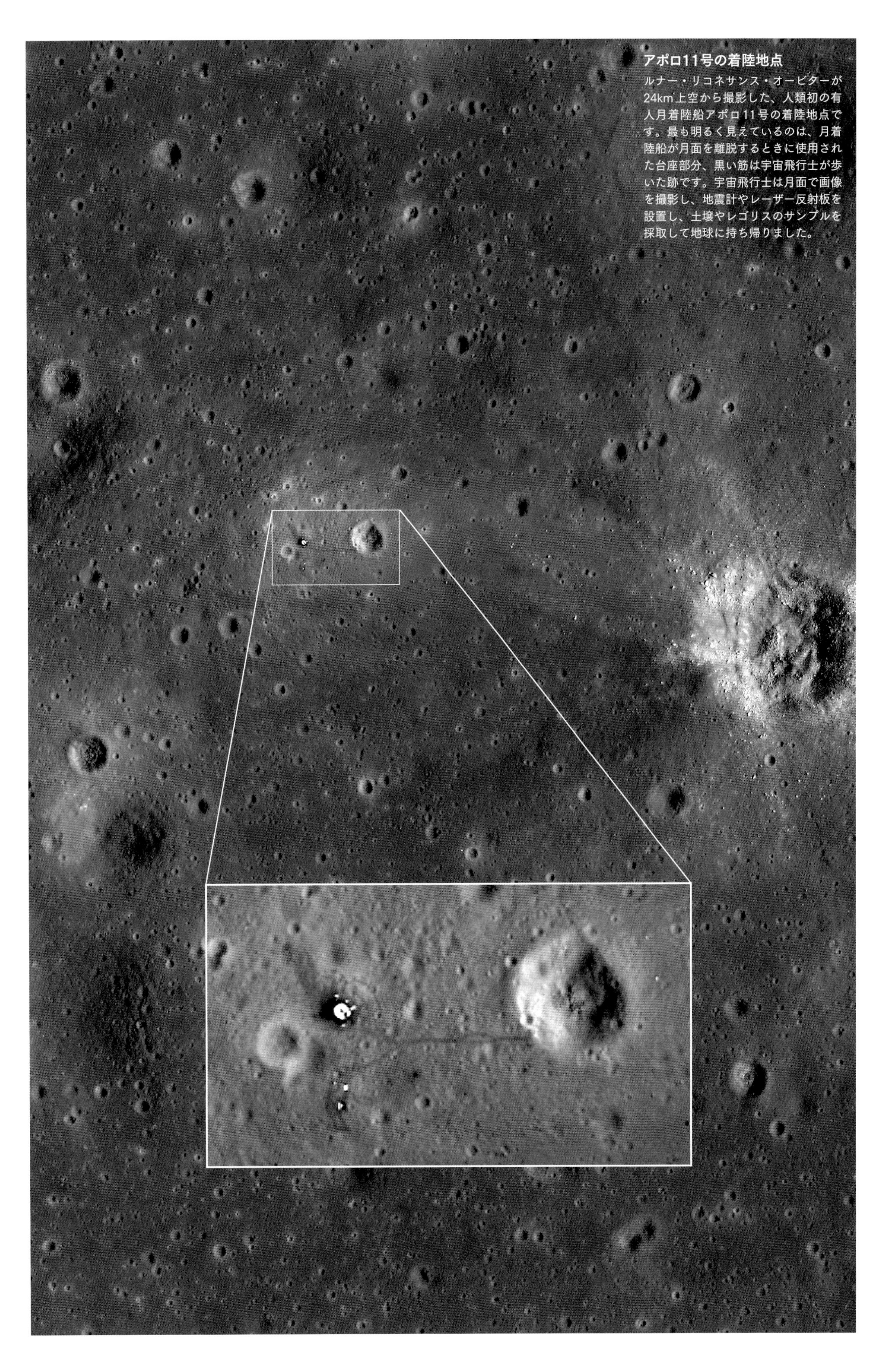

アポロ11号の着陸地点

ルナー・リコネサンス・オービターが24km上空から撮影した、人類初の有人月着陸船アポロ11号の着陸地点です。最も明るく見えているのは、月着陸船が月面を離脱するときに使用された台座部分、黒い筋は宇宙飛行士が歩いた跡です。宇宙飛行士は月面で画像を撮影し、地震計やレーザー反射板を設置し、土壌やレゴリスのサンプルを採取して地球に持ち帰りました。

太陽系の誕生

今から約46億年前、「分子雲」と呼ばれる冷たいガスと塵の雲の中で太陽系は形成されました。ガスが収縮することによって赤外線を放つようになった「原始太陽」の周りを、直径1000天文単位（天文単位：太陽と地球間の距離を1とした距離の単位）の巨大なガスと塵の円盤「原始太陽系円盤」が取り巻いていました。そして、この円盤の中で惑星が形成されていきました。

1. ひしめく微小天体

地球が誕生した頃、原始太陽系には数百個の「原始惑星」や無数の「微惑星」、そして、より小さな塊が存在していました。

月誕生の歴史

History of the Moon

今から約46億年前、太陽は宇宙に漂う濃く冷たいガスと塵の雲の中から誕生しました。まだ光を放つ前の「原始太陽」の周囲を、ガスと塵からできた「原始太陽系円盤」が取り巻き、その中で惑星の形成が進んでいきました。原始太陽系円盤は、回転により次第に平たくなり、その中であるとき、塵が一気に収縮して直径200mくらいの塊が無数に形成されました。真空の宇宙では、塵は互いに引き合い合体する傾向があります。こうしてできた塊は、さらに衝突・合体を繰り返して、直径10kmほどの無数の「微惑星」が誕生しました。この微惑星もまた衝突・合体を繰り返し、やがて直径2000kmほどの「原始惑星」が数百個誕生しました。それらは衝突して砕かれたり、合体したり、周囲に残っていた微惑星を捕まえたりしながら大きくなっていき、水星、金星、地球、火星などの惑星が形成されました。

地球が誕生した頃、地球の1/2から1/3くらいの大きさの原始惑星が低速で地球に衝突しました。衝突は1回ではなく、少し遠ざかっては再び衝突するなどして複数回起きたという説もあります。その結果、両天体から大量の物質が放り

2. ジャイアントインパクト
誕生直後の地球に、地球の1/2から1/3の直径をもつ原始惑星が衝突しました。これを「ジャイアントインパクト」と呼びます。原始惑星は約2日かかってゆっくりと地球の縁近くにめり込んだと考えられています。

3. 飛び散る破片
衝突によって原始惑星は崩壊し、地球からは大量の岩石とガスが放出され、その一部は再び地球へと落下しました。

4. 地球を取り巻くリング
しかし、破片の多くは地球の周囲を回り、円盤状に地球を取り巻きました。そこでは破片どうしが衝突・合体を繰り返していきました。

5. 月の誕生
そして約1か月後、円盤内の半分くらいの物質を集めて月が誕生しました。誕生したばかりの月は、地球上空2万kmにありました。

近かった月
月は形成当初、地球上空2万kmにありました。その頃の月は現在の19倍の直径、360倍の面積をもつ天体として見えたことでしょう。その後、徐々に遠ざかり、現在では約38万kmの距離にあります。そして、今も1年に3.8cmずつ遠ざかっています。

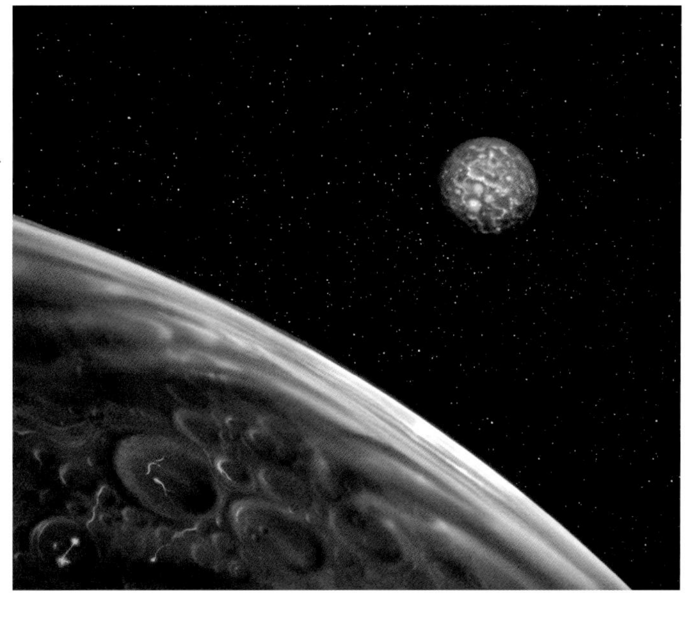

出されました。また、このときの衝突は正面衝突ではなく、地球の中心から少しずれた場所に原始惑星が斜めに衝突しました。その結果、放り出された大量の破片や蒸発したガスが円盤状に地球の周囲を取り巻きました。円盤の中でガスが凝固し、できた塵や破片が衝突・合体を繰り返して、約1か月後、地球の上空2万km付近に「月」が誕生したのです。

40億年前の隕石爆撃期

今から約40億年前から数億年間にわたり、地球の318倍の質量をもつ木星と95倍の土星の軌道が変化し、その引力の影響を受けて、大量の小惑星が水星、金星、地球、火星を襲いました。月面に残るクレーターの多くはこのときに形成されました。

当時の月は、約20日で地球を1周しました。近距離にあったため、月の重力が地球に及ぼす影響は今よりはるかに大きく、地球上に激しい火山活動を引き起こし、海では干満の差が激しく周期的な大津波が発生しました。このような海の干満は、誕生当初、約4～9時間ほどで回転していた地球の自転を次第に遅らせていきました。それによって月の地球周回速度は増し、月は少しずつ地球から離れていきました。現在、地球の自転速度は23時間56分、月と地球の距離は38万4000kmまで離れています。

さて、月は誕生するとすぐに冷えて表面から固まっていきました。月が誕生したばかりの頃、月の南極付近に微惑星が衝突し、直径2500kmもの巨大なクレーターを形成しました。エイトケン盆地です。しかし、その後、「後期重爆撃期」と呼ばれる時代が訪れ、月面は大小無数のクレーターに覆われることになりました。それは、今から約40億年前に起きた木星と土星の軌道の変化が原因です。これに影響を受け、多くの小惑星が軌道をそれ、太陽方向へと落下しました。これらは水星、金星、地球、火星に多くのクレーターを形成し、月も例外ではありませんでした。現在「海」と呼ばれる領域もこのとき形成されたものです。巨大天体の衝突はクレーターの底に多数の割れ目を形成しました。

月内部では放射性物質の発する熱によって次第に高温となり、一部が溶けて、約38億年前に火山活動期に入りました。高温のマグマがクレーター底の亀裂を通って表面にしみ出し、低い領域を埋めていきました。こうして月の海が形成されました。大規模な火山活動は30億年前に収束しましたが、小規模な活動は続いていて、現在でも、ガスの噴出などが目撃されています。また、小さなクレーターは今も刻まれています。新たな直径1cmほどのクレーターは数分ごとに誕生し、約90cmほどのクレーターが1か月に1個程度生まれています。

1 後期重爆撃期に起きた相次ぐ巨大隕石の衝突によって巨大なクレーターが形成され、地中深くまで到達するような割れ目が形成されました。

2 後期重爆撃期終了後、月の内部では、放射性元素が発する熱で岩石が溶けてマグマが形成され、クレーターの割れ目から表面にしみ出しました。

3 しみ出したマグマはクレーターを埋め、周囲の低地にあふれて広がり、やがて冷えて固まって暗い色の海を形成しました。

月と地球の正しい比率
地球と月の大きさ、軌道の大きさを正しい比率で描きました。地球の大きさに比べて、地球と月の距離がとても離れていることがわかります。また、太陽は、地球と月の間の距離の400倍も遠いところにあります。小さな矢印は公転、または自転の向きを示しています。この画像は、地球の自転軸の北方向から見たようすです。

月のデータ

物理量	質量	7.3477×10^{22}kg
	(地球を1とした場合の値)	0.0123
	体積	2.1972×$10^{10}$$km^3$
	(地球を1とした場合の値)	0.02
	赤道半径	1738.1km
	(地球を1とした場合の値)	0.2725
	極半径	1736km
	(地球を1とした場合の値)	0.2731
	平均半径	1737.4km
	(地球を1とした場合の値)	0.2727
	扁平率	0.0012
	平均密度	3344kg/m^3
	表面重力	1.624m/s^2
	脱出速度	2.376km/s
	表面温度(最高)	123℃
	表面温度(最低)	−233℃
軌道	地球からの平均距離	384400km
	平均近地点距離	363300km
	平均遠地点距離	405500km
	自転周期	27.322日
	恒星月	27.322日
	朔望月	29.529日
	平均軌道速度	1.022km/s
	平均軌道離心率	0.0554
	軌道傾斜角(黄道に対して)	5.145度
	軌道傾斜角(地球の赤道に対して)	18.28〜28.58度
	地球から遠ざかる割合	3.8cm/年
その他	見かけの直径(平均)	31.6arc秒
	見かけの明るさ(満月)	−12.74等級
	月面の気圧(夜)	3×10^{-10}パスカル
		3×10^{-13}気圧

謎の発光現象TLP

Mystery of Luminous Phenomenon

月は荒涼として一見変化のない天体に見えますが、実は、以前から短時間の発光やガスの発生を見たという報告が後を絶ちません。最も古くよく知られた記録は、1178年6月18日、イギリスのカンタベリー寺院での目撃です。月に閃光がきらめき黒い煙が立ちこめて、炎が噴き出したと記録されています。1790年には天文学者W.ハーシェルが皆既月食中に150か所の光点を見たと報告しています。このような現象は1968年、パトリック・ムーアらによって「TLP（Transient Lunar Phenomenon)」と名づけられました。

TLPはこれまでに3000件の目撃がありますが、なかには望遠鏡のレンズのゴーストや、月面のわずかな起伏と太陽光がつくり出した現象だと判断されたものもあります。しかし、月面でなにか変化が起きたことを示すものも確実に存在しているのです。

その1つが、月に隕石や小さな塵が衝突したときの光です。NASAは2005年より常時月面を撮影しており、このような現象を数多く捉えています。時にはもう少し大きな隕石が衝突することもあります。2013年には直径1.4mの隕石が衝突し、8秒間にわたって2等級の明るい光が捉えられました。このとき、直径35mのクレーターが誕生したことが後に確認されました。NASAが月面に設置した地震計は、7年間で1743回の隕石の衝突を記録しており、決して珍しい現象ではありません。

また、無人の月着陸船サーベイヤー7号やアポロ17号の宇宙飛行士は、月の日の出直前に朝焼けのような光を捉えました。これは、月面を覆う細かい塵（レゴリス）が巻き上げられ、太陽光を散乱した光だと考えられています。

これら以外のTLPの分布は、アリスタルコスに集中しています。アポロ11号の宇宙飛行士は月周回軌道上からアリ

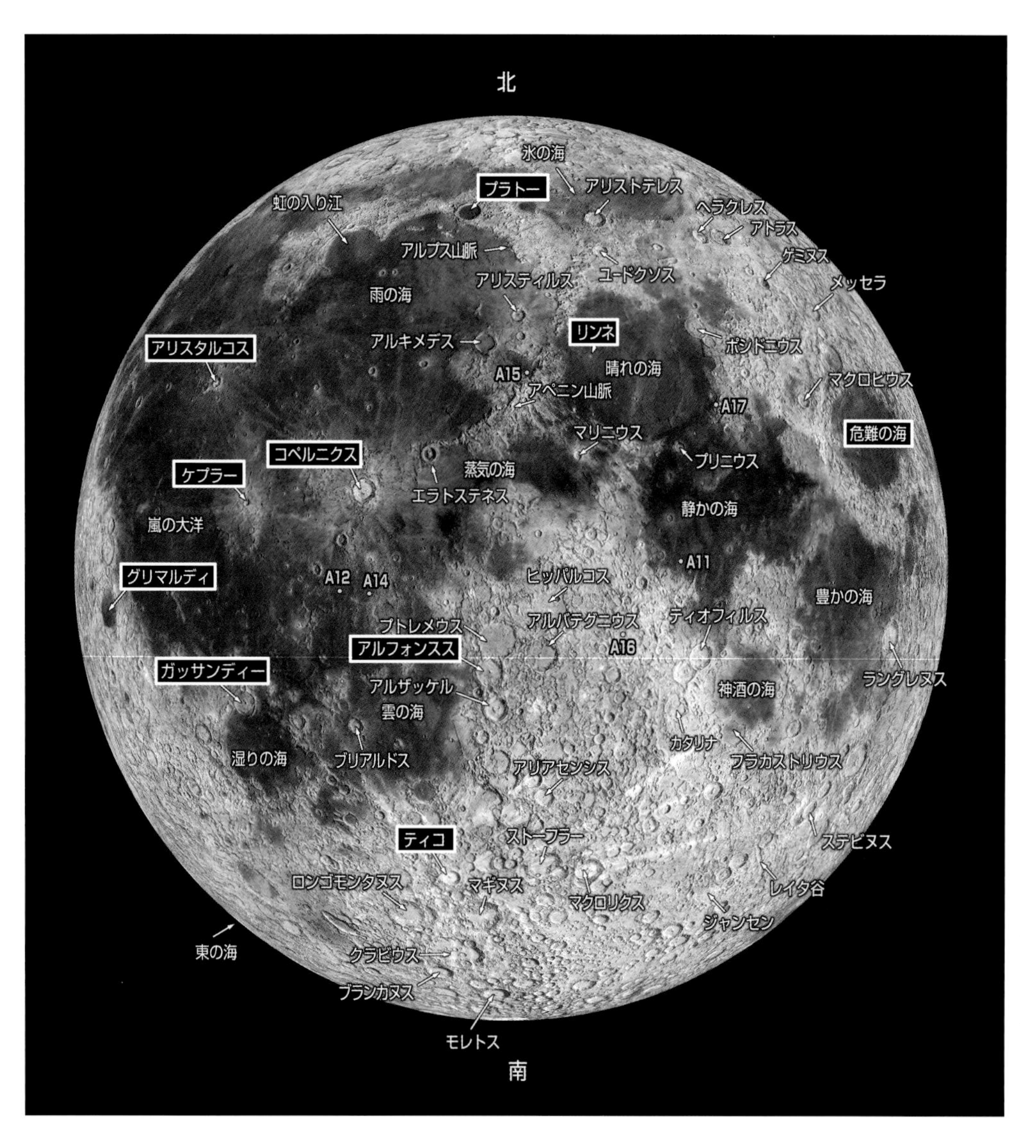

TLPの目撃場所

月面上の人気のある地形の名称を示した図です。□で囲んだ場所は、TLPが多数報告されているところです。また、A11などと記してあるのはアポロ宇宙船の着陸地点で、A11はアポロ11号を意味します。

TLPの観測頻度
目撃頻度の高い場所を示し、目撃地点に描かれている円の大きさで頻度の高さを示しています。円が大きいほど目撃が多いことを意味します。左上、最も円が大きいのがアリスタルコスです。

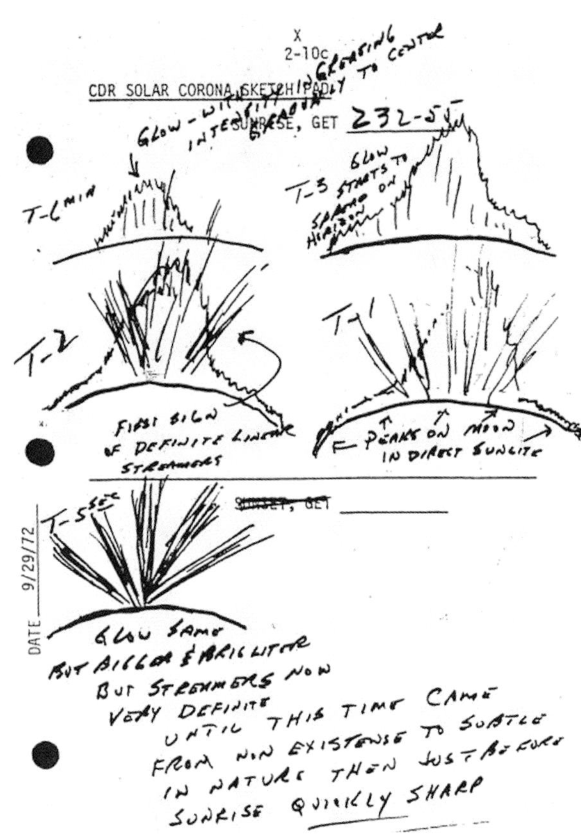

宇宙飛行士の目撃
アポロ17号の宇宙飛行士サーナンが、月で日の出時に目撃した光のスケッチ。光は3つの成分からなり、1つ目は黄道光で左上図はこの光です。左中図では黄道光に横長の朝焼けのような光と放射状の薄明光線のような光が重なっています。これらはレゴリスが舞い上がり、太陽光を散乱してつくり出した光だと考えられています。上の4枚の絵の左にあるT-6、T-3などの数字は、日の出6分前、3分前を意味し、左下の絵だけは日の出5秒前のようすです。

スタルコスが明るく輝くのを目撃し、アポロ15号はラドンガスの噴出を検知しています。地中のウランから発生したラドンガスが地表から噴き出して、太陽光を浴びて発光したと考えられています。

また、火山活動が起きている可能性もあります。近年の詳しい観測により70もの若い火山性地形が見つかり、なかには200万年前に形成されたものもありました。今でも月の内部には熱いマグマが存在し、時折、ガスを噴き出しているのかもしれないのです。

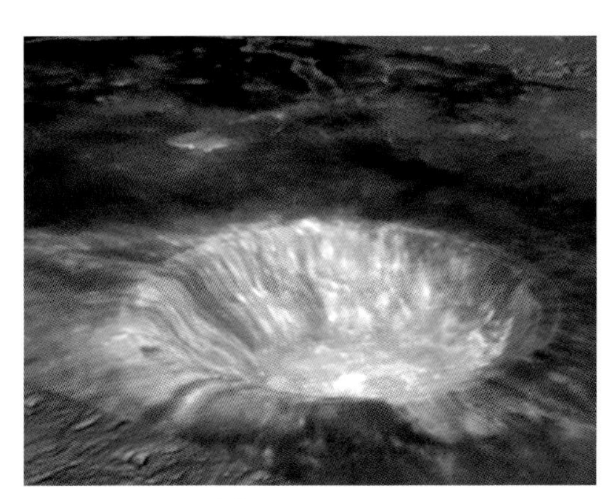

アリスタルコスの異変
(右)TLPの目撃が多い場所です。昔、月の裏側の南極近くに巨大隕石が衝突してエイトケン盆地が形成されたとき、激しい衝撃が、ちょうど反対側のアリスタルコス付近の地殻を砕き、たくさんの深いひび割れができました。アリスタルコスはウランの埋蔵量が多く、地中のウランから発生したラドンガスが時折表面に噴き出して太陽光を浴びて光ると考えられています。
(上)ハッブル宇宙望遠鏡で撮影した画像をシミュレートした地形図にマッピングしました。明るく見える部分はチタン鉱石が豊富に含まれる場所です。チタン鉱石は酸素を取り出すのに使えるため、将来の月面移住に有益な鉱物です。

月の動き

Moving of the Moon

月は地球の周りを回る衛星で、その直径は地球の1/4で、質量は地球の12%です。地球の周りを約1か月かけて公転しており、自転周期と公転周期が等しいため、月は常に同じ面を地球に向けています。月の公転周期は、恒星を基準とした場合には27.3日です。27.3日で、月は星空の中（天球上）を1周して元の位置に戻ってきます。したがって、月は平均して1日に約13°ずつ星空を東に向かって移動していることになります。ところが太陽は、星空の中を1日約1°東に向かって移動しているため、月が星空を1周してきたときには、太陽は元の位置より約26°東にいることになります。そのため、月と太陽が同じ方向に見えてから再び同じ方向に見えるまでに、月はさらに2日分ほど移動する必要があります。その周期は約29.5日となり、これが月の満ち欠けの周期「朔望月」です。

また、月の軌道は楕円軌道であるため、月と地球の距離は常に変化しています。最も近づく場所を「近地点」、最も遠くなる場所が「遠地点」です。これらの方向は、月が公転するごとに少しずつ変わり、8.8年で元に戻ってきます。

地球は、月を従えながら太陽の周りを楕円軌道で公転しており、地球と太陽間の距離も一定ではありません。そのため、それぞれの天体の重力はお互いの距離や運行速度を微妙に変化させます。朔望月の周期や、近地点と遠地点での距離が毎回少しずつ異なるのはそのためです。

地球から見た天球上の月の通り道を「白道」、太陽の通り道を「黄道」と呼んでいます。それぞれは5° 9′の角度で交差しています。言い換えれば、月は天球上の黄道からそれほど大きく離れることはないということになります。

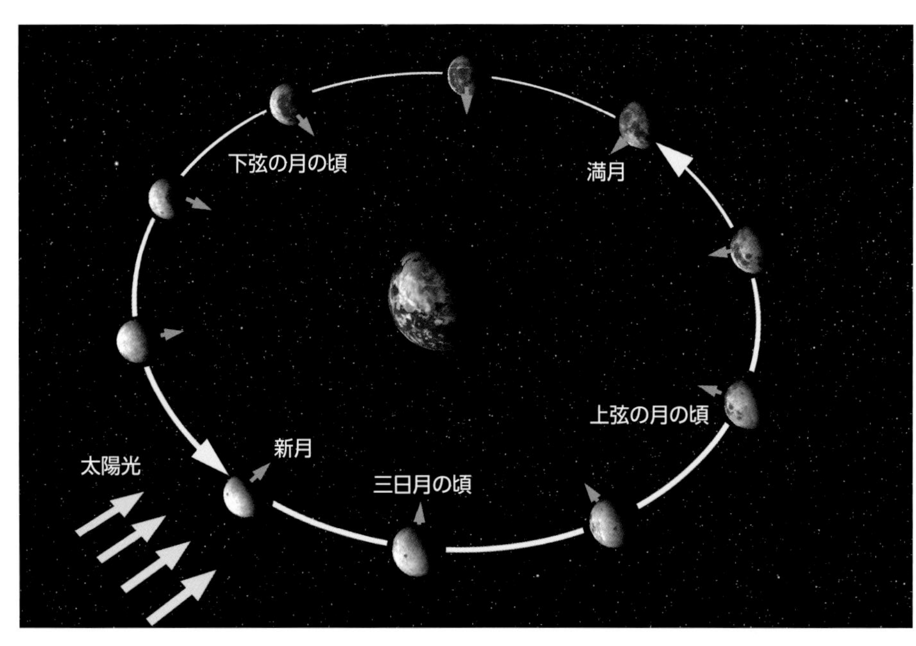

月の軌道と満ち欠け

月と地球の位置関係と、月の満ち欠けのようすを示したものです。月は恒星に対する位置では、公転周期が27.3日ですが（恒星月）、太陽に対して地球が公転しているため、太陽に対する公転周期は恒星月よりも2日ほど長くなり29.5日（平均値）となります。これが月の満ち欠けの周期「朔望月」です。この周期は一定ではなく、29.3日〜29.8日の間で変化します。

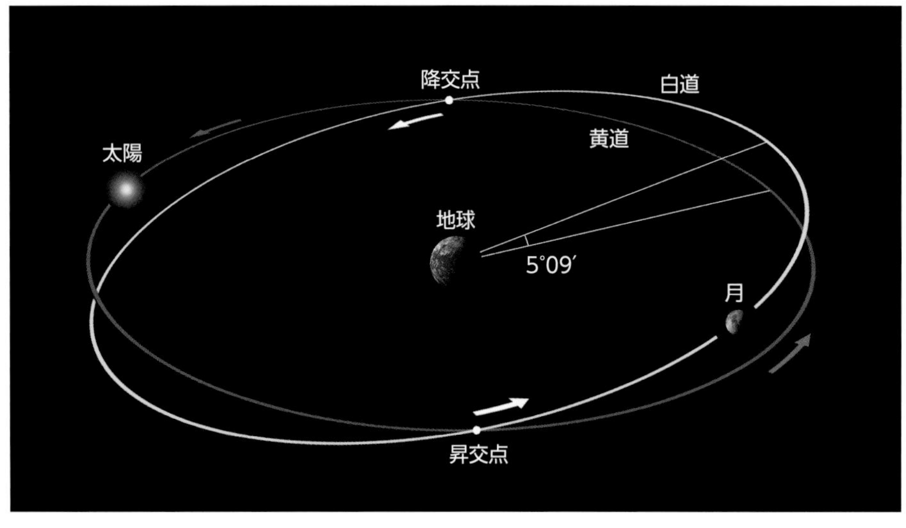

月の公転軌道の傾き

地球から見た見かけの太陽と月の軌道を示しました。太陽の軌道「黄道」に対して、月の軌道「白道」は5°9′傾いています。月が南側から黄道と交差する点が「昇交点」で、北側から黄道を交差する点が「降交点」です。昇交点、降交点付近で太陽と月、地球が一直線に並ぶと、日食や月食が起きます。

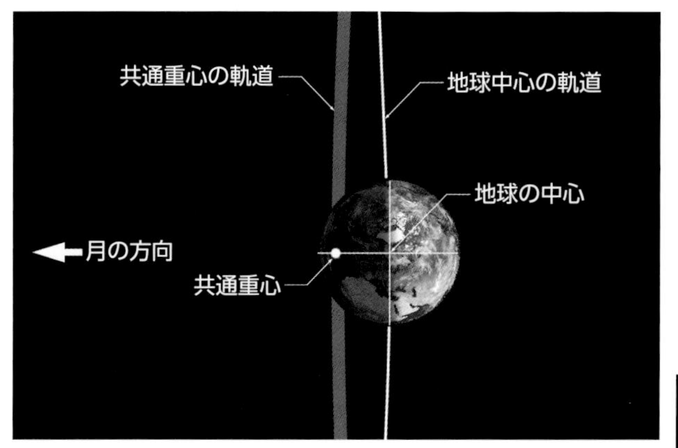

共通重心

月は地球の周りを公転しているといわれますが、実際には地球と月の共通重心を中心に地球も月も回っています。共通重心は、地球中心から地球の半径の70％ほど外側にあります。中心から4600km のところです。

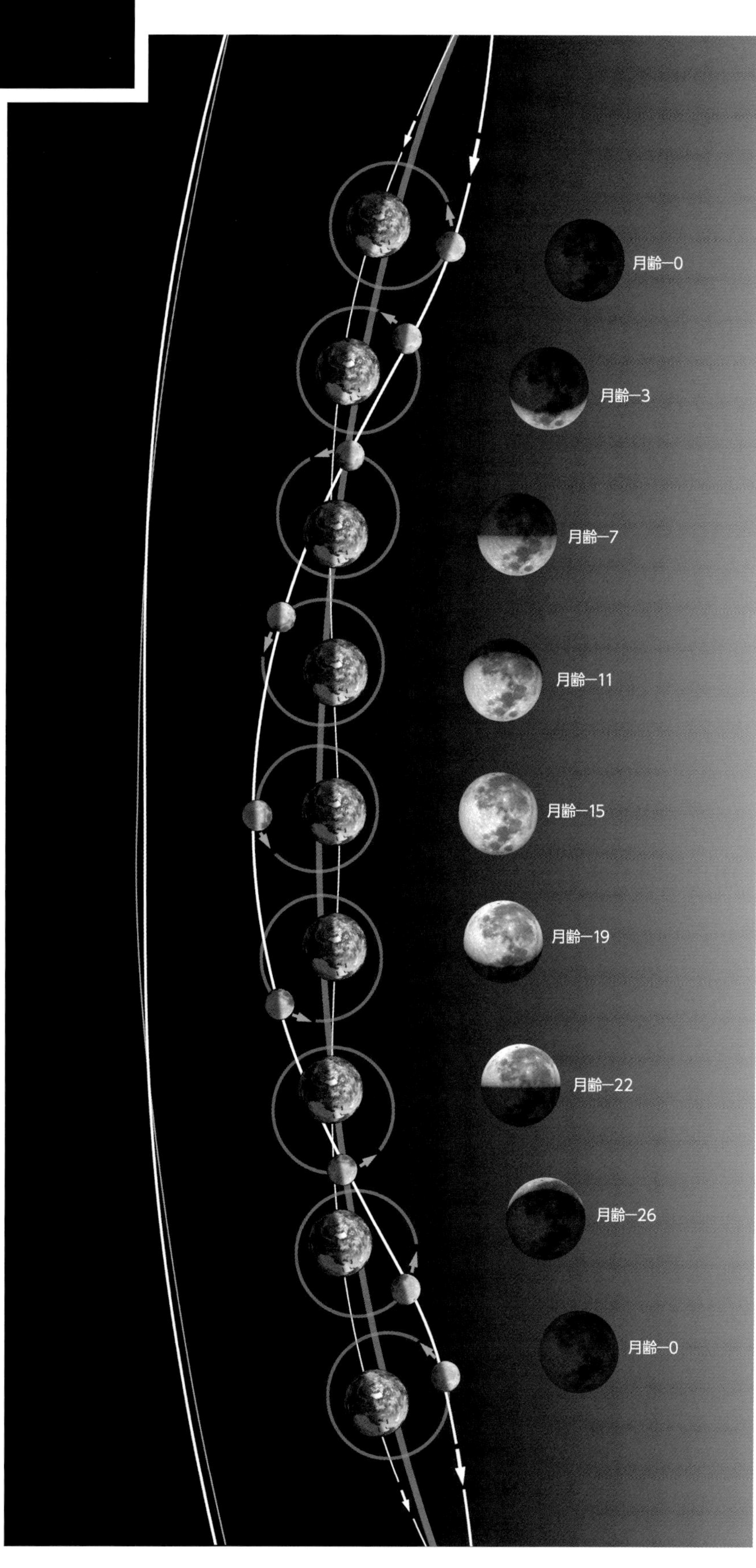

月と地球の動き

月と地球は共通重心の周りを回りながら、地球は太陽の周りを公転しています。そのようすを示したのが右の図です。太陽は右方向にあります。左の線は実際の月と地球の軌道を示したもので、太陽に対して常に凸状の形をしています。その右の図は、月と地球の動きを誇張して描いたものです。共通重心の軌道は一様な曲率ですが、月と地球中心の軌道は、お互いに引かれて波打つような軌道を描きます。それぞれの位置で月の形がどう見えるかを右に示しました。

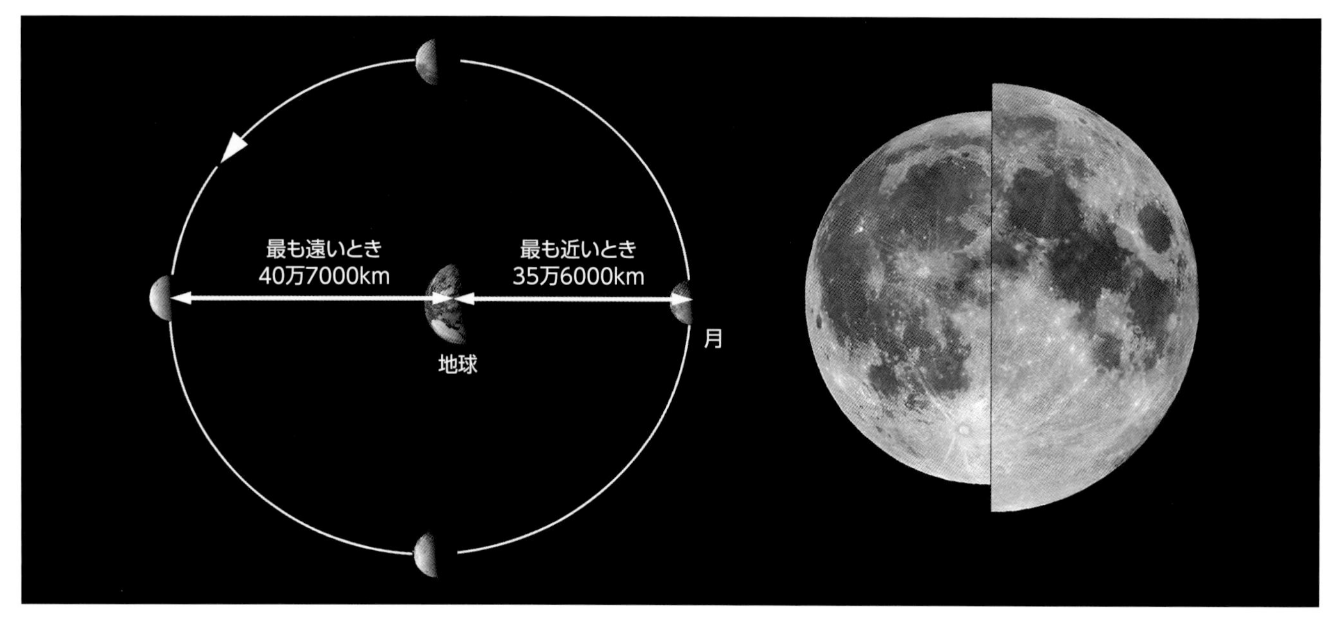

楕円軌道と月の遠近

近地点と遠地点では、5万1000kmの差があります。近地点での満月（スーパームーン）と遠地点での満月（マイクロムーン）※の大きさを比較したのが上の図です。大きさの差は1.14倍、明るさは30％ほど違います。
※遠地点で満月または新月になることを「マイクロムーン」と呼びます。

月の軌道が楕円軌道のため、地球との距離は常に変化し、近地点と遠地点の距離の差は5万1000kmに達します。近地点でちょうど満月（または新月）になった場合「スーパームーン」と呼んでいますが、実際ちょうど近地点で満月（または新月）になることはまれで、ある程度の範囲内であればスーパームーンと呼ぶことが定義されており、NASAでは2～3時間以内という値を使っています。そのため、年に複数回スーパームーンがあることも珍しくありません。また、近地点の1時間以内に満月か新月になった場合は「エクストリーム・スーパームーン」(あるいはエクストラ・スーパームーン）と呼ばれます。いずれにしろ、これらの用語は天文用語ではなく占星術で用いられていたもので、最初の定義づけは1979年占星術師のRichard Nolleによって定められたとされています。また、スーパームーンのときは、月の重力的な影響も大きくなるので、地震や火山噴火などが予言されて話題になることがありますが、今のところ科学的にも確率データ的にも、それを裏づける証拠は見つかっていません。

月の軌道と自転の傾き

地球の自転軸は公転面に垂直な線に対して23.44°傾いています。これは、地球の赤道を天球に投影した「天の赤道」に対する黄道の傾きを意味します。太陽の高さが季節によって異なるのはこのためです。月の軌道「白道」は、黄道と5.145°（5°9′）傾いています。5°は月の直径の約10倍ですから、月は黄道を中心に南北に最大で直径の10倍移動します。

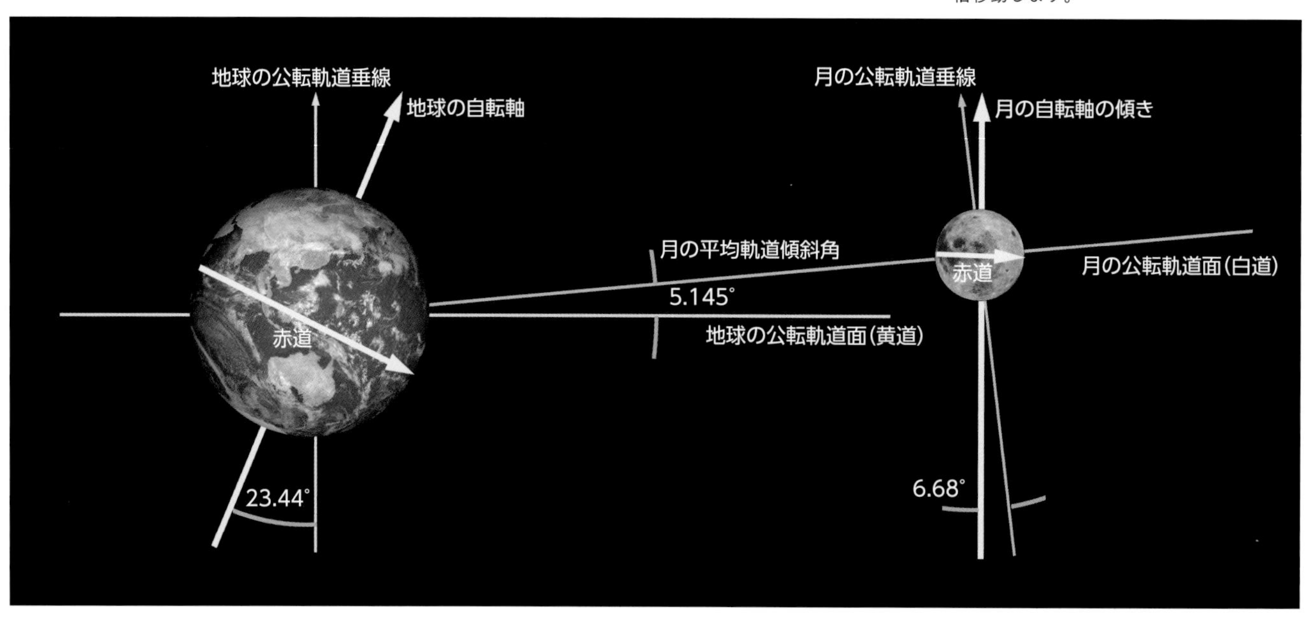

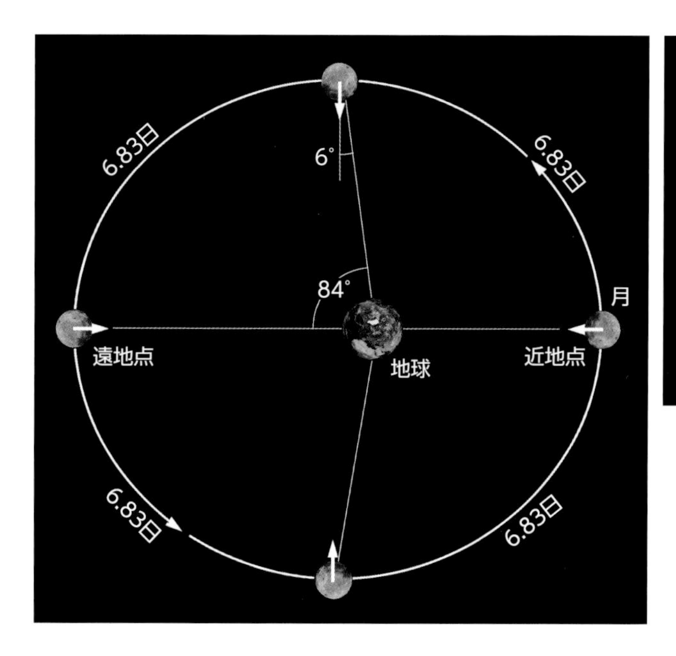

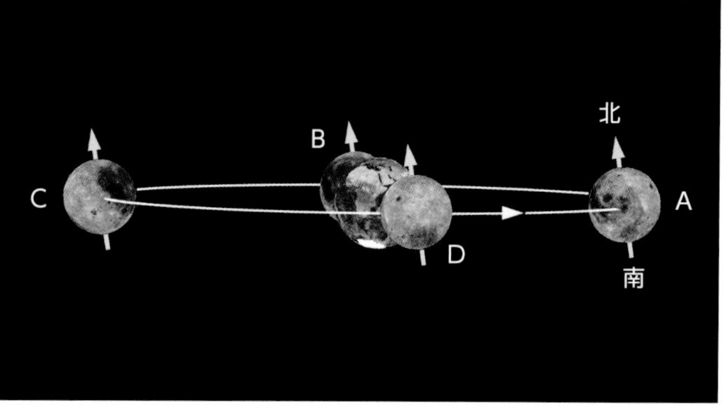

経度の秤動と緯度の秤動

月の公転軌道が楕円であることで生じる秤動は、月の経度方向（東西方向）の秤動をもたらします（左）。また、月の自転軸が公転軸に対して（または月の赤道が白道に対して）6.68°傾いていることで生じるのが緯度方向の秤動です（右）。

●秤動

月は常に同じ面を地球に向けていますが、四方にわずかながら首振り運動をしているため、実際は全体の59%の領域を地上から見ることができます。この首振り運動のことを「秤動（ひょうどう）」といいます。秤動は、観測者の位置の違いによって見え方が変化する「幾何学的秤動」と、月が完全な球でないために地球や太陽の重力によって揺れ動く「物理的秤動」の2種類がありますが、物理的秤動はわずかな量です。幾何学的秤動は、月の公転軌道が楕円であることから生じる「経度の秤動」と、月の自転軸が公転軸に対して6.68°傾いていることから生じる「緯度の秤動」、そして、地球の自転によって観測者の観測位置が変化することで生じる「日周運動による秤動」があり、これらが合成されて月の首振り運動がもたらされます。

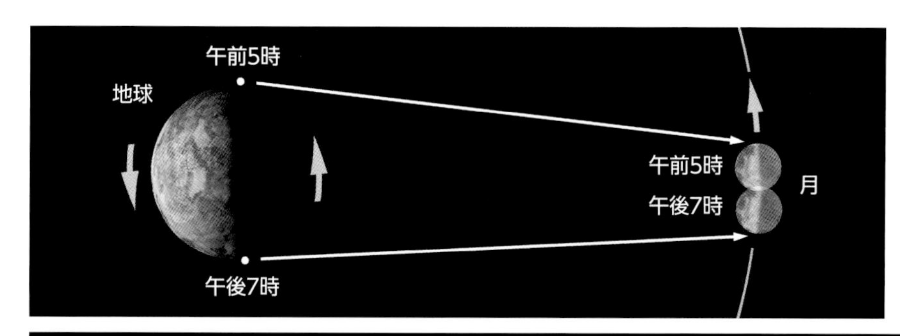

日周運動による秤動

観測者の位置は、地球の自転によって変化します。それによって月の向きが経度方向に少し変化して見えます。たとえば、満月は一晩中見えますが、宵の月の出直後と明け方の月が沈む直前では、だいたい地球の直径分、見る位置が変化します。その変化（シミュレーション画像）を下に示しました。その差はとてもわずかなものです。

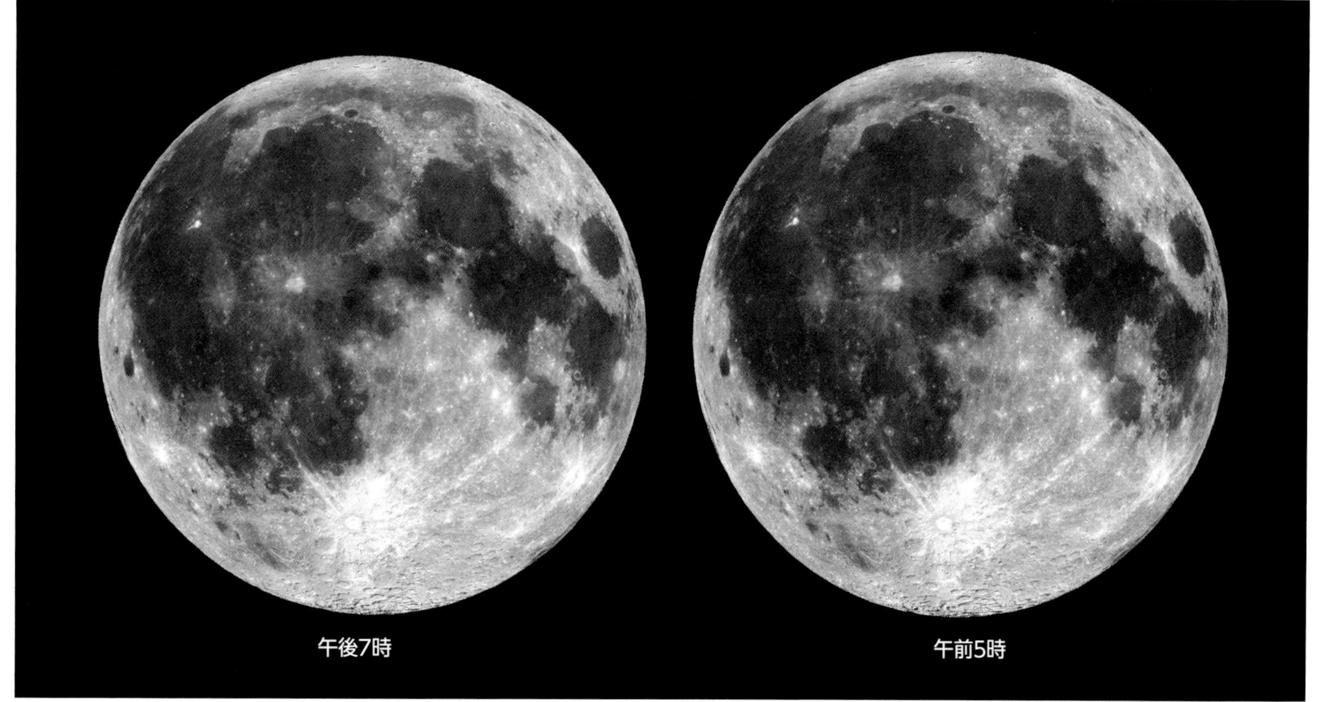

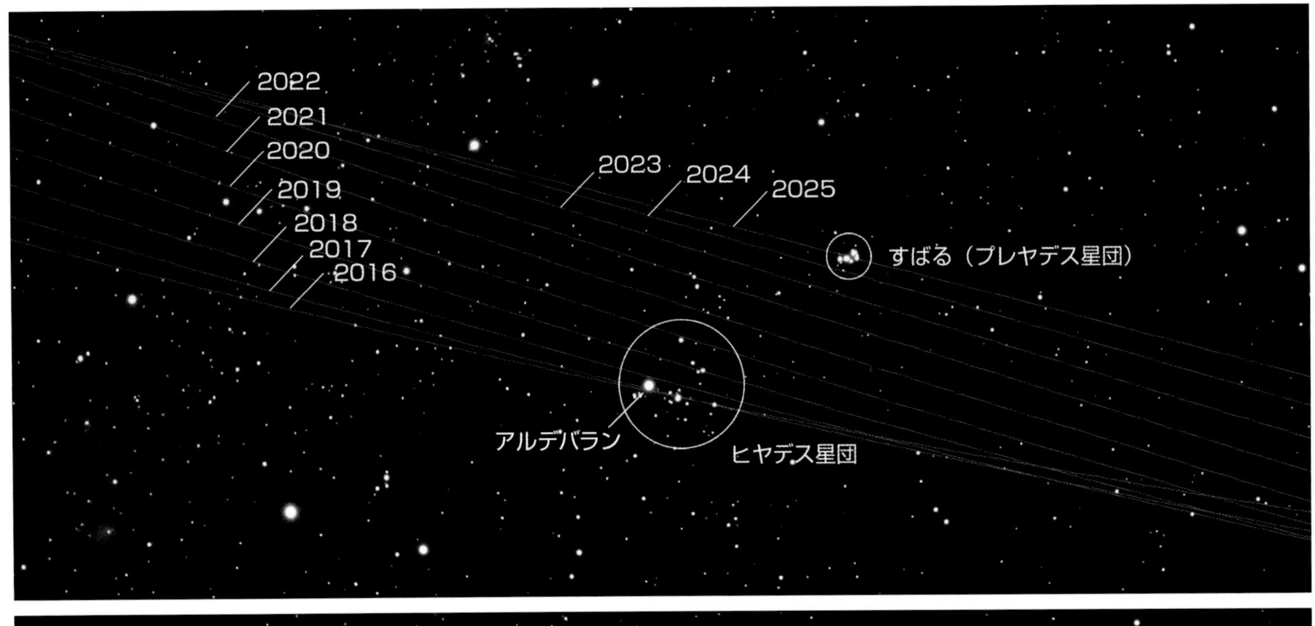

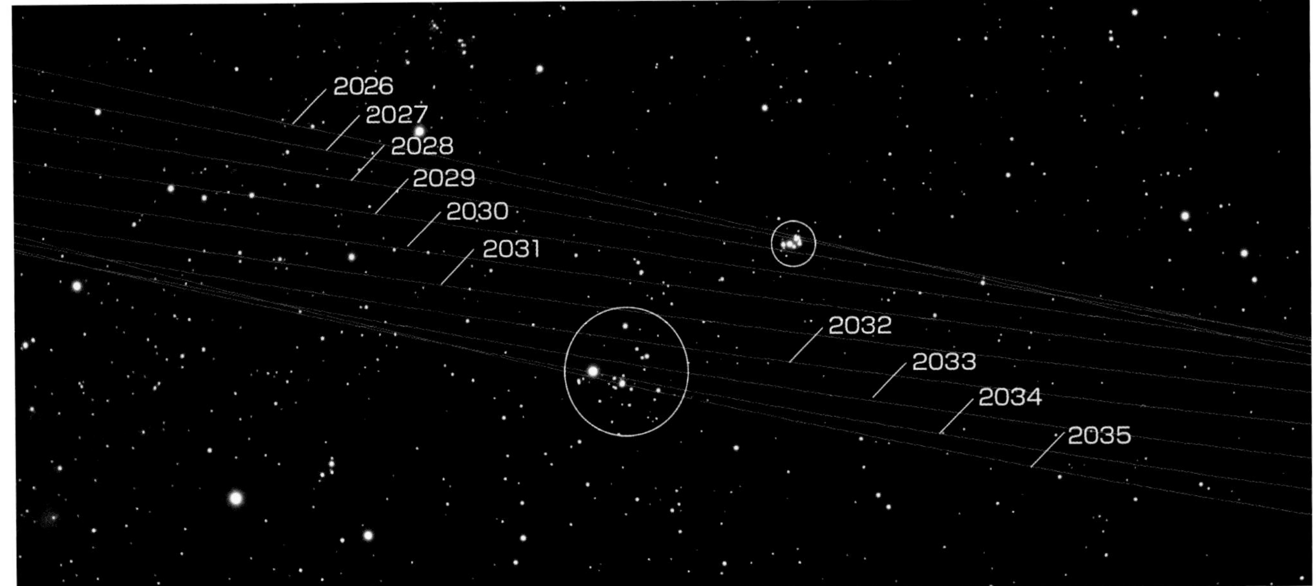

すばる付近の月の軌道変化

月の通り道「白道」の19年間の変化をおうし座のすばる付近を例に示したものです。これらの白道の線は、1年おきに描いたもので、これを補完するように毎月の軌道があります。「すばる食」や「アルデバラン食」が起きる状況が把握できます。

●月による掩蔽

ある天体が背後の天体を隠す現象を「掩蔽（えんぺい）」と呼びますが、月は惑星や恒星（単体または星団）、あるいは太陽を隠すことがあり、それぞれ「惑星食」、「恒星食（または星食）」、「日食」と呼んで区別しています。

月の通り道「白道」は、太陽の通り道「黄道」に対して5°9′傾斜しています。その傾斜方向は、黄道に対して年間19°21′ずつ移動しており、18.6年で元の位置に戻ります。つまり黄道を中心に白道の傾き5°9′に、月の視半径と地球上の場所による視差を考慮した範囲にある恒星、そして惑星や太陽、小惑星などが月に隠される可能性があります。現在、この範囲にある1等星はしし座のレグルス、おとめ座のスピカ、さそり座のアンタレス、おうし座のアルデバランの4つで、明るい恒星の食は特に注目される現象です。

また、明るい惑星が隠される惑星食も非常に劇的な現象です。特に、土星や木星、金星、それに接近中の火星の食は注目に値します。掩蔽のときに天体が月に隠される状態を「潜入」、天体が月から出てくる状態を「出現」と呼びます。また、月の縁すれすれを通過する現象を「接食（または接触）」と呼んでいます。

●日食

月は地球の周りを約1か月かかって公転しているため、約1か月に1度ずつ太陽と地球の間を通ります。ただ月が地球の周りを回る軌道と、地球が太陽の周りを回る軌道が同じ面にはなく、少しだけ傾いています。そのため月が太陽と地球の間を通過しても、毎回一直線に並ぶわけではありません。太陽・月・地球が一直線に並ぶ機会は、多いときで1年に5回、少ないときで2回あります（サロス周期：p182）。

地球から見たとき、太陽の見かけの大きさはいつもほとんど同じで変わりませ

金環日食の状況

月が地球から遠いところで日食になった場合、月の濃い影「本影」は地球の手前で終わり、太陽の一部の光が漏れている非常に薄い影「偽本影」が地球に到達します。偽本影の中では「金環日食」が見られます。偽本影は地球の自転によって地球上を西から東へ移動します。この影の通り道を「金環日食帯」と呼びます。

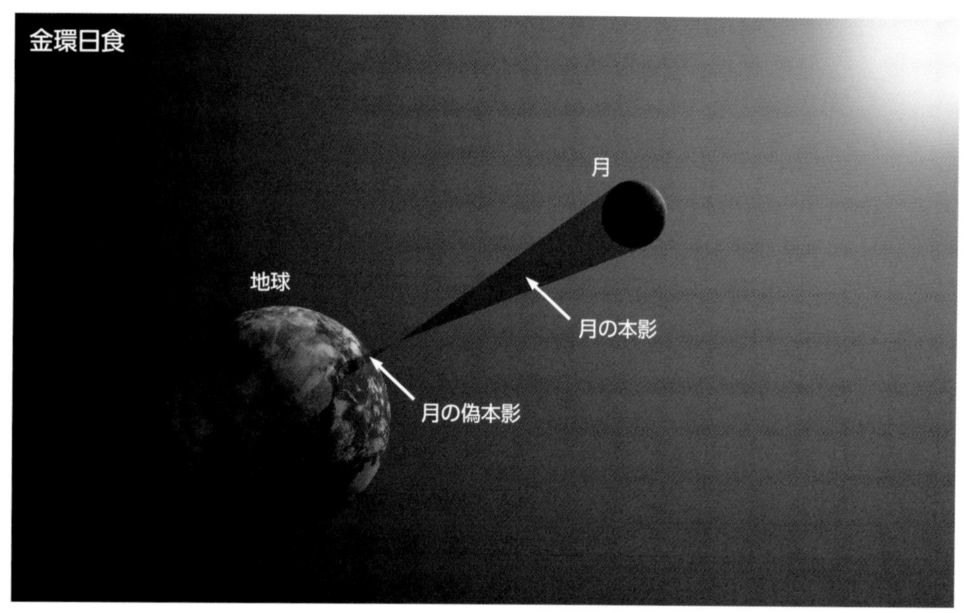

皆既日食の状況

月が地球に近いところで日食になると、月の濃い影「本影」が地球上に到達します。この影の中では太陽の光が完全にさえぎられ、「皆既日食」が見られます。本影は地球の自転によって地球上を西から東へ移動します。この影の通り道を「皆既日食帯」と呼びます。

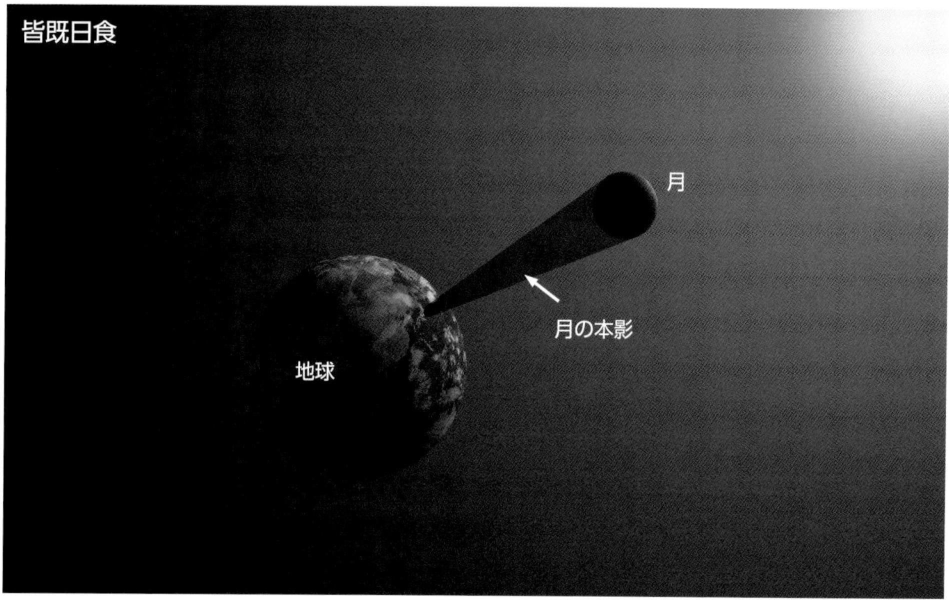

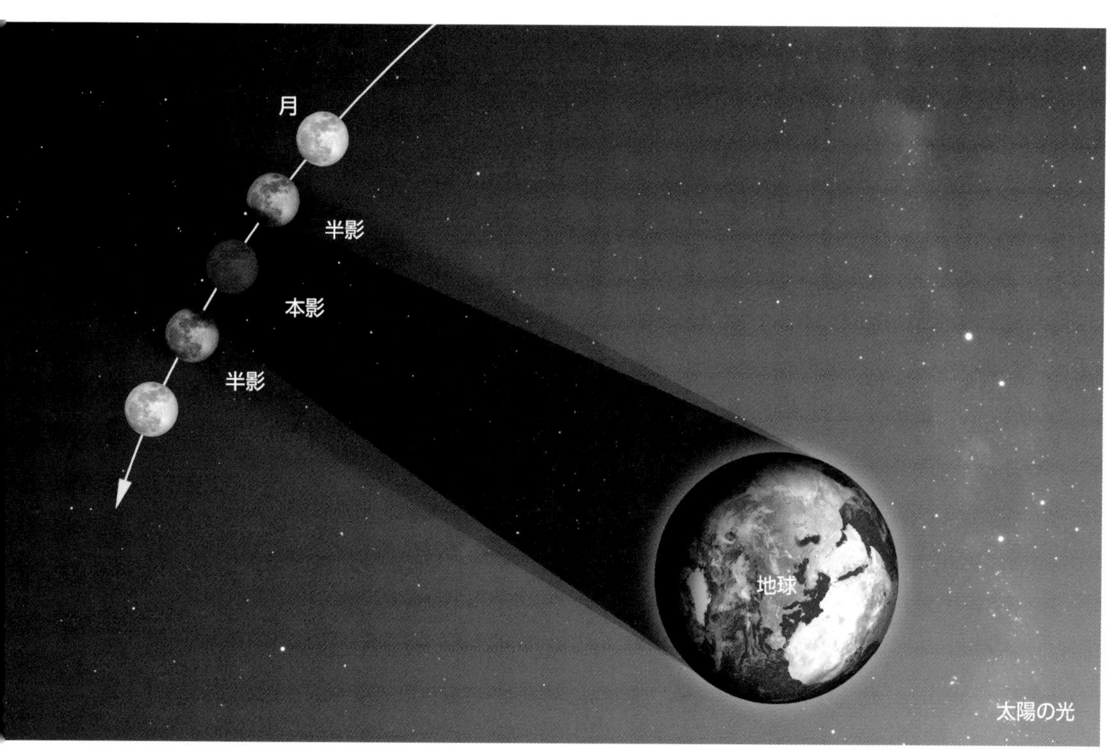

皆既月食の状況

地球がつくる影には2種類あります。中心部が濃い「本影」で、その周りに薄い「半影」をつくります。皆既月食の場合、月はまず半影に入り半影月食から始まります。その後、本影に入り始め部分月食となり、完全に本影に入ると皆既月食となります。やがて本影から出始め部分月食となり、半影月食となってから終わります。

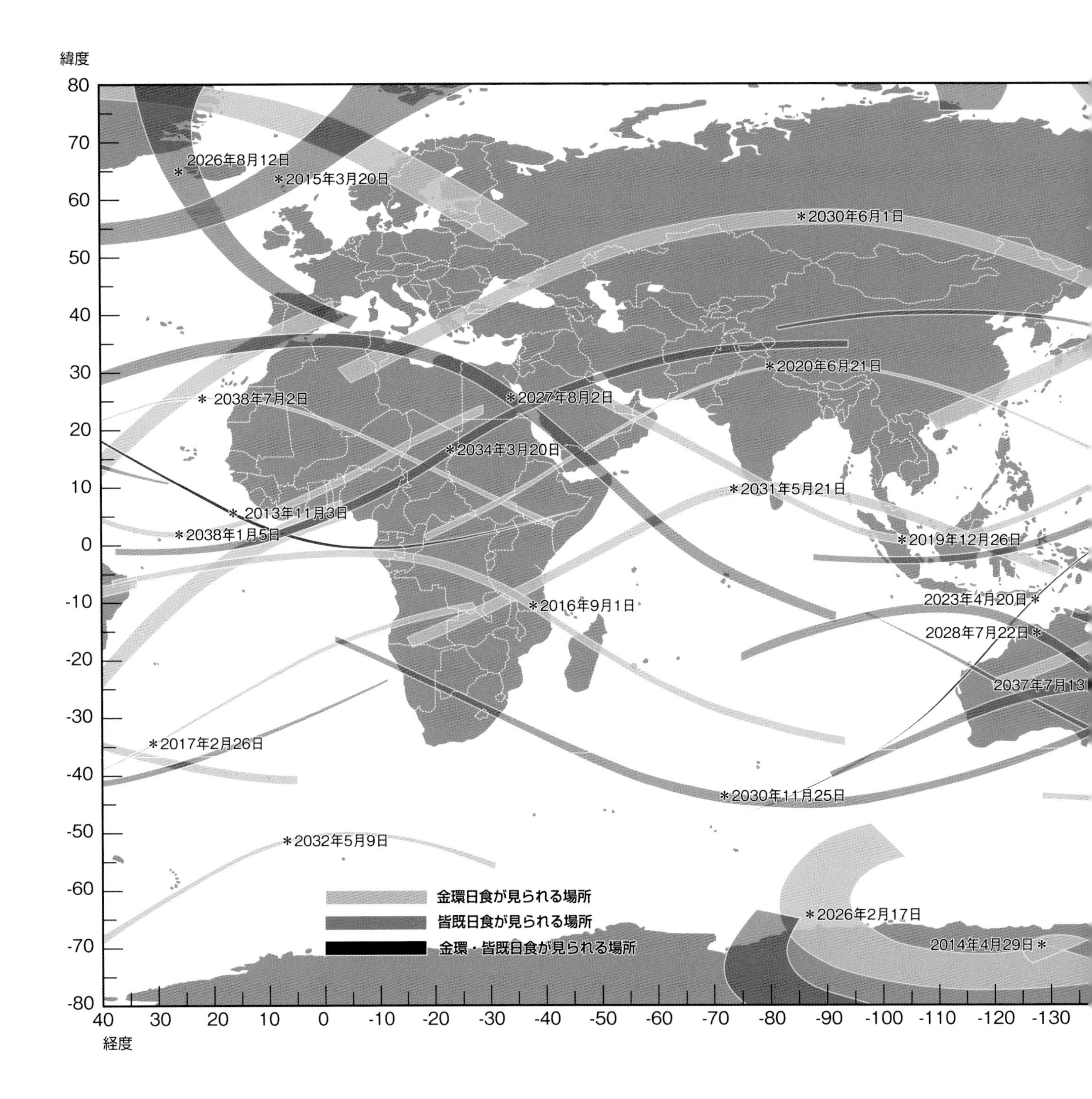

んが、月の見かけの大きさはかなり変化します。これは、太陽の周りを回る地球の軌道がほぼ円形で太陽と地球の間の距離はほとんど変わらないのに対し、月の公転軌道は楕円形で、月が地球に近づいたり遠ざかったりしているためです。

月が地球に近いところで日食になると、月は太陽より大きく見えます。このときに、月は太陽を完全に覆い隠して「皆既日食」となります。逆に、月が地球に遠いところで日食になると、月は太陽より小さく見え、太陽が月の周囲にはみ出して輝く「金環日食」となります。月と太陽が完全に重ならず、月が太陽の一部だけを隠す場合を「部分日食」といいます。また、月と太陽がほとんど同じ大きさのときは、日食帯の一部では金環日食が起こり、一部では皆既日食が見られるという珍しい日食が見られます。これが「金環・皆既日食」あるいは「ハイブリッド日食」と呼ばれるものです。

皆既日食は地上で最も劇的な自然現象といわれ、地球上では1～2年に1度の頻度で起こっています。

太陽が欠け始めてから皆既日食に近づくまでの行程は、部分日食に相当し金環日食とほとんど変わりありません。しかし、細くなった太陽の光はさらに小さく収束していき、それに伴って空の明るさや周りの景色のようすは急速に変化します。皆既日食になる10秒ほど前には、もはや太陽の輝きはまぶしくなくなり、薄暗くなった空にかかる黒い太陽と、それをとりまく「コロナ」、月の縁から漏れ出した閃光「ダイヤモンドリング」を見ることができます。空は昼から夜へと急速に移り変わり、その異様な変化に圧倒されるでしょう。

空は夜のように暗くなって惑星や明るい星が輝きだします。黒い太陽の周りには真珠色の「コロナ」が広がり、赤い炎のような「プロミネンス」が見えることもあります。

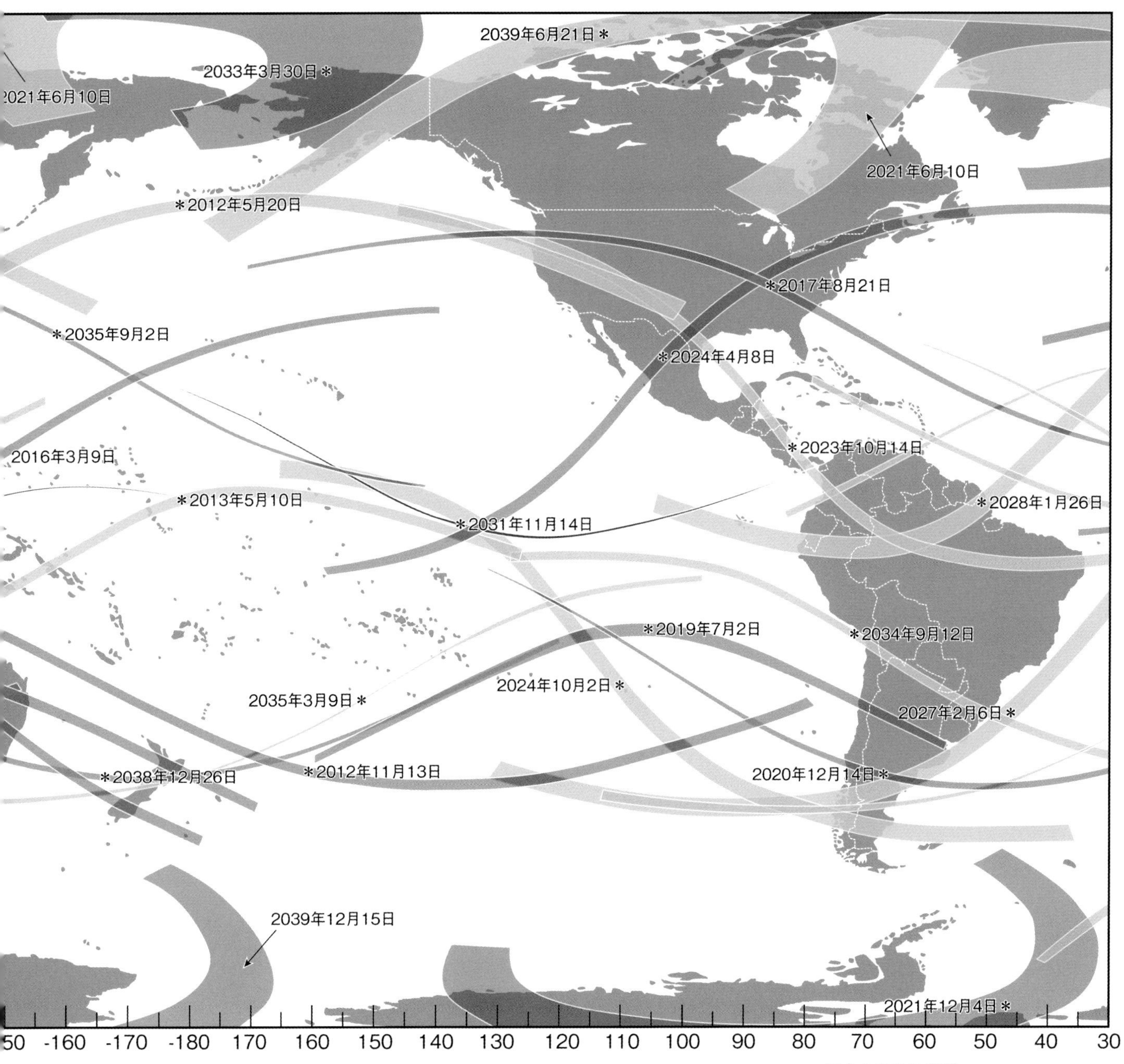

日食の起きる場所

2012年から2040年までに見られる金環日食帯、皆既日食帯を示しました。この周辺では部分日食が見られます。＊印はグレーテストポイントといって、皆既日食が最も長く見える場所、金環日食の場合は金環日食帯の中心を意味します。表示した日付は日本時間と1日の誤差が生じる場合があります。

•月食

月食は、地球の影の中に月が入ったときに見られる現象です。このとき、太陽、地球、月は一直線上に並び、満月の状態となります。

地球の影には、太陽の光がほぼ完全に隠された濃い影「本影」と、太陽の光が一部入ってくる「半影」があります。月が地球の本影の中に完全に入ってしまうと「皆既月食」となります。しかし、このときに月は真っ黒になるのではなく、美しい赤銅色に輝きます。これは、太陽の光が地球をとりまく大気で屈折し、本影の中に入り込んで月を照らすからです。夕日が赤く見えるのと同じように、太陽からやってくる青い光を大気中の塵が散乱し、赤い光だけが通り抜けて月面に到達するため、このような色になります。月の一部が本影にかかると「部分月食」となり、半影に入ると「半影月食」となります。皆既月食は、半影月食と部分月食を伴った現象です。

地球全体で考えると、月食は多いときで1年に3回、少ない年だと1度も起こらないことがあります（半影月食は数に入っていません）。日食が地球全体で考えると少なくとも年に2回、多いときには5回も起きることに比べ、月食は珍しい現象といえます。ただし、月食は、地球の影に月が入る時間帯に夜を迎えているところなら世界中どこでも見ることができるため、日食に比べて見られるチャンスが多いのです。

皆既月食は、日本では5年に3回くらいの割合で見ることができます。2020年までに、日本で見られる皆既月食は2018年1月31日、2018年7月28日の2回です。

●サロス周期

日食が起きる周期として、最もよく知られているものに「サロス周期」というものがあります。それは、同じ時期に同じような規模の日食がおよそ18年ごとに繰り返されるというものです。このような周期性は、すでに古代バビロニア地方で知られていたといわれています。これは新月から新月までの周期（朔望月）29.53059日と、昇交点から再び昇交点を通る周期（交点月）27.212221日、それに近地点から再び近地点にくる周期（近点月）27.5545日の公倍数を意味します。

これらの条件が重なるときは、同じ頃に同じような規模の日食が起きることになります。その値は、

223朔望月 =6585.3215日
242交点月 =6585.3575日
239近点月 =6585.5255日

となり、18年と11日8時間（閏年の関係で18年10日8時間の場合もある）が1周期の期間です。

これには8時間の端数がありますが、これは8/24=1/3日に相当するため、日食の時間は地球1/3周分、つまり、日食帯が西に約120度移動することを意味しています。そして3サイクル後（およそ54年31日）に同じ場所で日食が起こります。この周期は「トリプルサロス」または、ギリシャ語で「exeligmos」（エクセリグモス）」と呼ばれています。

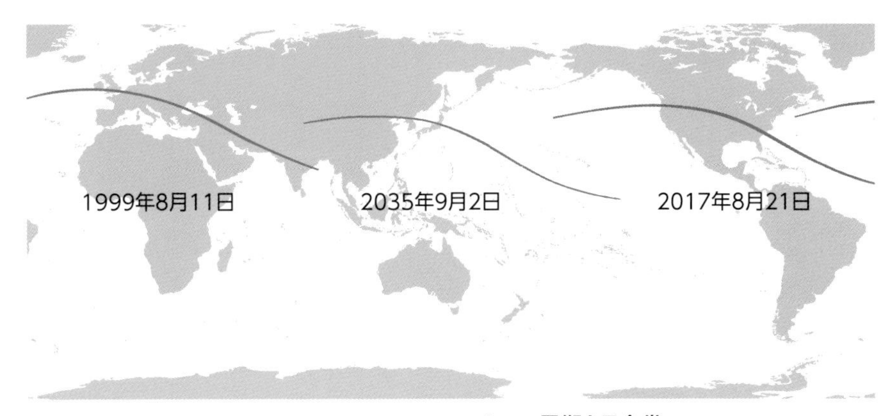

サロス周期と日食帯
同じ系列のサロス周期の日食は、1周期ごとにだいたい同じ頃に同じような状況で起こります。日食帯の場所は経度で約120°西にずれていき、3周期目で同じ場所に戻ります。

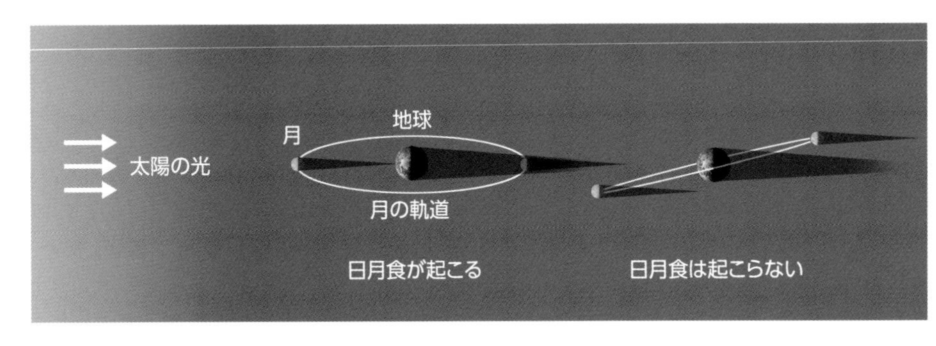

日食月食の条件
月の軌道面（地球から見た「白道」）は地球の軌道面（地球から見た太陽の通り道「黄道」）に対して傾斜しているため、両者が交差する交点（「昇交点」「降交点」：p174）付近に位置したときに日食や月食が起きます。

月の交点周期とサロス
地球軌道上の月軌道のようすを示した図です。実際には毎年同じ時期に日食や月食が起きるわけでなく、月の交点は1年間に19°21′ずつ黄道上を移動しており、18.6年で元に戻ります。この周期はサロス周期に近い値ですが、関連はありません。

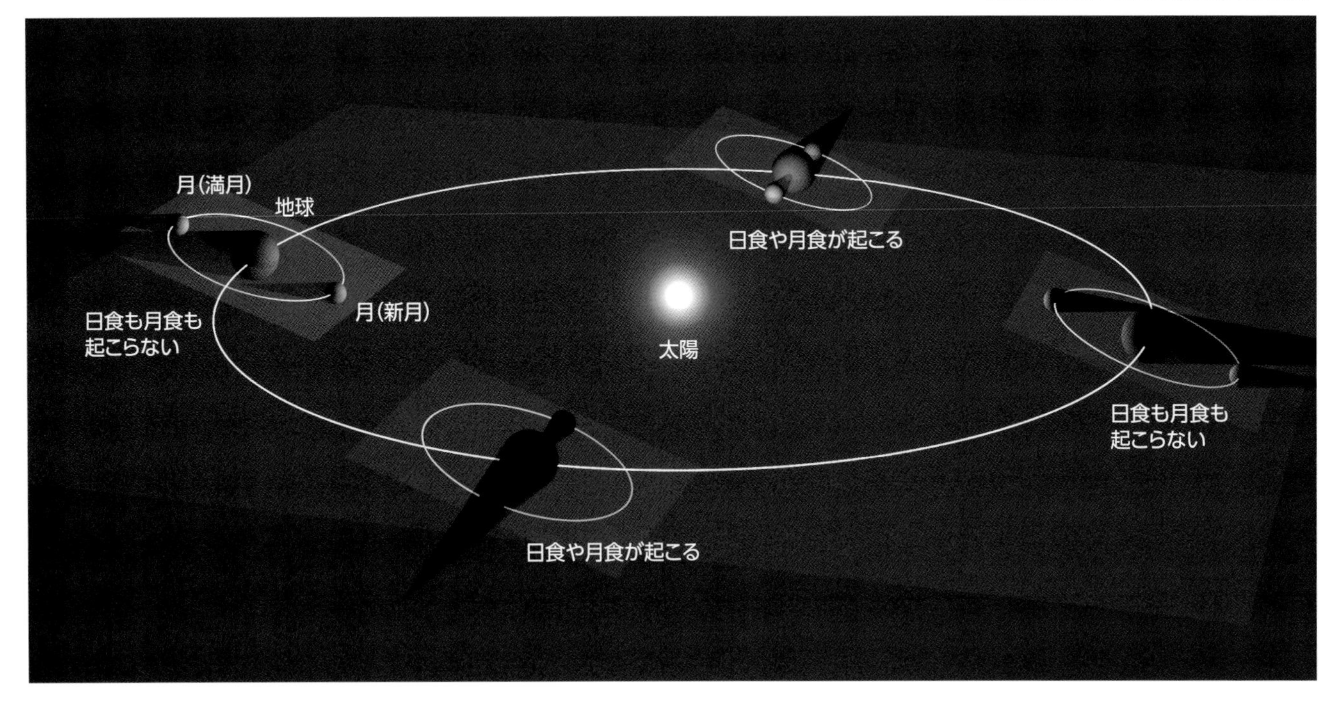

潮汐力

月直下の地点（B）だけでなく反対側（A）も盛り上がるのは、地球が月との共通重心の周りを回転しているからです。地球の中心は、共通重心の周りを円を描いて回ります。これに伴い、A点、B点も同じ大きさの円を描いて回転運動をします。円運動をするとき、円の外へ向かう力（遠心力）を受けますが、その強さは円の大きさに依存します。この力が、月と反対側の海水面を盛り上げるようにはたらきます。

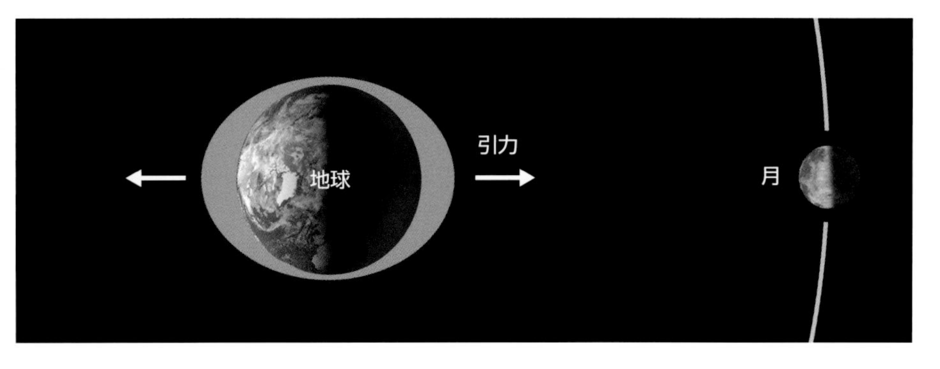

潮汐力

Tidal Force of the Moon

地球は月の引力の影響を受けていますが、その顕著な例が潮の干満（潮汐）という現象でしょう。図は地球の潮の干満と月の位置の関係を示したものですが、月のある側だけでなく反対側も盛り上がるように示されています。このような現象は、月の引力と、地球が月との共通重心の周りを回転（公転）しているために生まれる力によって起こります。2つの力は共通重心では釣り合っています。月に近いところでは月の引力が大きく作用しますが、公転による力が反対向きにはたらいて、少し弱くなります。反対側では、公転による力は変わりませんが、月の引力が弱いので、結果的に海水は月に面した側と同様に上昇することになります。といってもその力は、地球の重力の1/1000万にすぎず、海水が宙に浮かぶといったことはありません。

このような力は、海水だけでなく大気や地殻をはじめ地球全体を変形するようにはたらきます。このような力を「潮汐力」と呼んでいます。潮汐力によって地球の地面は25cmほど盛り上がるそうです。

また、地球は月だけでなく太陽による潮汐力の影響を受けます。太陽は月の3万倍もの質量があるのですが、距離が地球-月間の400倍もあるため、太陽の潮汐力は月の約半分にすぎません。ただ、月と地球と太陽が一直線に並んだときの潮汐力は最大になり、大潮と呼ばれる大きな潮の干満の差を引き起こします。

月では、地球と太陽による潮汐力の影響を受け、地球と同様に変形を繰り返しています。

このような潮汐力による潮の干満（潮汐）という現象は、わずかですが地球の自転速度を遅らせるはたらきをしています。地球の自転角速度は月の公転角速度の30倍も速いため、自転よりも遅い潮汐の変化が地球の自転速度を遅くし、潮汐力で盛り上がった部分に引かれるようにして月の公転は加速します。公転速度が増した月は少しずつ地球から遠ざかっていきます。

●公転と自転の同期

お互いに強い力を及ぼしあっている天体どうしでは、一方あるいは両方が互いに同じ面を相手に向けて公転し合っている、つまり自転周期と公転周期が一致するという現象が見られます。地球と月の場合は、月が常に同じ面を地球に向けていますし、火星の衛星フォボスとダイモス、それに木星のガリレオ衛星など太陽系のほとんどの衛星が同様の現象を示しています。これらは潮汐力が原因とされており、当初はバラバラに自転していたとしても長い年月をかけて潮汐力の影響で同調したものと考えられています。

大潮と小潮

太陽と月と地球が直線状に並ぶとき、つまり満月と新月のとき、潮汐力は最大となり、海水の盛り上がりがより大きくなります。それが大潮です。逆に太陽と月が90°離れる上弦や下弦の頃は、引力が分散されて海水の盛り上がりは大きくありません。これが小潮です。

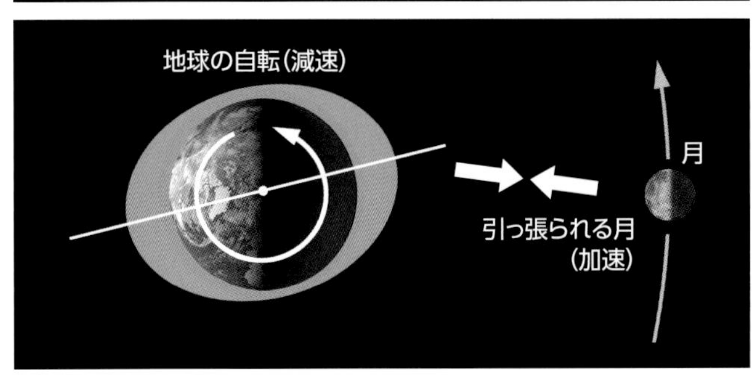

遠ざかる月

地球の自転は月の公転より速いため、実際の潮の盛り上がりは、月より先行し、それが月を引っ張り、月の公転速度を加速するはたらきをします。結果として月は少しずつ遠ざかります。

月の観察

Observation of the Moon

月の観察は肉眼でも簡単にできますが、ここでは、より月の実態に迫ることができる双眼鏡や望遠鏡を使った方法と、写真などの記録方法について、そのポイントとなることがらを厳選して紹介します。

双眼鏡で見る月

小さな双眼鏡でも欠け際の月のクレーターをはっきりと確認することができます。特に皆既月食のときは、肉眼ではわかりづらい欠け際の微妙な色調の変化がわかります。長時間の観察には、三脚に固定したり、車のボディーなどでひじを固定したりして見ると細部が認識しやすくなります。

●双眼鏡で月を観る

双眼鏡は種類も大きさもさまざまなものがありますが、ここでは、手軽に使える対物レンズの口径30mm～70mmの双眼鏡について記します。倍率はできるだけ小さいものが視野も明るく、手ぶれも小さいので、とても見やすいです。定番といえるスペックは8×35（倍率8倍、口径35mm）、8×40、7×50、10×70です。これらは星空を見るにも適しています。もし、月を重点的に観察するなら、月はとても明るいので少し倍率の高いものでも問題ありません。ただし、手で持って見る際に手ぶれが目立ってきますので、ひじを固定したり、三脚アダプターを用意してカメラ用三脚に取りつけたりして（アダプターなしで三脚に取りつけられる機種もあります）見ると、安定した像を観察できます。時折、20倍以上の安価な高倍率双眼鏡の広告を目にしますが、できれば国内外の有名光学メーカー製のしっかりしたものを選ぶことをおすすめします。

ベストな双眼鏡

双眼鏡には対物レンズの口径も倍率もさまざまなものがあります。左は口径3cm～7cmの有名メーカーの双眼鏡です。上は双眼鏡の最高峰といわれるスワロフスキーの8倍×40mm、8倍×56mm双眼鏡です。大切に使えば一生涯にわたって活躍してくれますので、できるだけよいものを選ぶことをおすすめします。

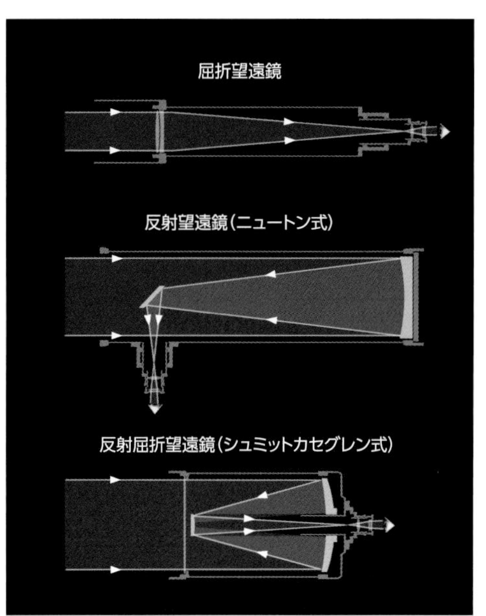

屈折望遠鏡と反射望遠鏡
レンズを使って光を集めるしくみの望遠鏡が「屈折望遠鏡」(右)で、鏡(凹面鏡)で光を集める望遠鏡が「反射望遠鏡」(左)です。屈折望遠鏡は一般に長細い形をしており、反射望遠鏡は太くて短い外観をしています。同じ口径で比較すると、反射望遠鏡は屈折望遠鏡に比べて安価です。

望遠鏡のしくみ
望遠鏡のしくみの違いを示しました。ニュートン式反射望遠鏡は、見るところ(接眼部)が、鏡筒に直角に出ています。反射屈折望遠鏡は、レンズと反射鏡の両方を組み合わせた望遠鏡で、同じ口径で比較すると、反射望遠鏡よりさらに鏡筒が短くコンパクトです。

•天体望遠鏡で月を観る

天体望遠鏡を使うと、月の地形の詳細を観察できます。月は天体の中では最も望遠鏡を向けやすい天体で、しかも驚くほどよく見えます。天体望遠鏡の種類は非常に豊富です。

構造は①鏡筒部、②架台部、③脚部の3つに分類できます。①の鏡筒部はいわゆる望遠鏡の部分で、レンズや反射鏡で天体の光を集め、接眼レンズで拡大して天体を見る部分です。現在市販されているものの多くは、屈折望遠鏡と反射望遠鏡(ニュートン式)、反射屈折望遠鏡(シュミットカセグレン式)の3タイプですが、それぞれ一長一短があります。メンテナンスがあまり必要でなく、安定して使用できるという点では屈折式が優れていますが、同じ口径で比較すると高価であるという欠点があります。

鏡筒部を載せて望遠鏡を対象に向ける部分が②の架台部です。望遠鏡を上下左右に動かして天体に向ける簡単なしくみのものを「経緯台式」といい、地球の自転によって月や星が動いていくのを自動追尾してくれるのが「赤道儀式」と呼ばれるものです。今日では経緯台式でも電子制御で自動追尾できるものもあります。

③の脚部は、主に三脚が使用されます。天体を見る部分は鏡筒部ですが、しっかりした三脚と、確実に鏡筒を固定し、きちんと天体に向けることができる架台部の性能も重要です。

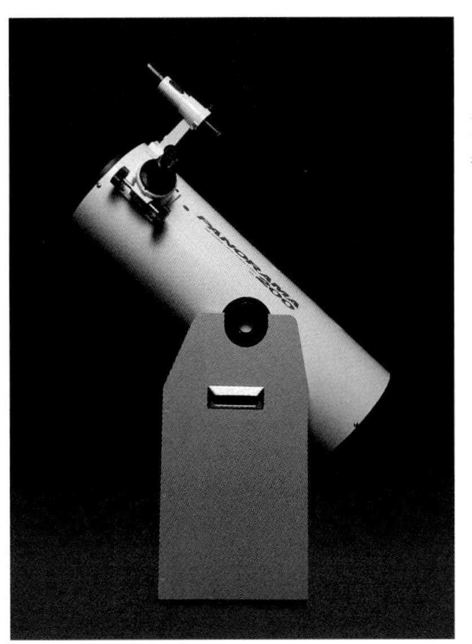

ドブソニアン式
アメリカのアマチュア天文家ジョン・ドブソン氏によって考案された望遠鏡で、鏡筒部はニュートン式反射望遠鏡ですが、三脚や架台部がなく、非常に安価でコンパクトに制作できます。

反射屈折式
右は口径20cmのシュミットカセグレン望遠鏡です。焦点距離は2000mmもありますが、鏡筒の長さは50cmしかありません。大口径でもコンパクトなため、移動観測に適しています。

接眼レンズと天頂プリズム

望遠鏡の倍率は、対物レンズの焦点距離を接眼レンズの焦点距離で割った値です。接眼レンズを換えることにより、自由に倍率を選択できます。接眼レンズの種類は多く、見やすさや視野の広さなどの違いがあります。右下にあるのは、屈折望遠鏡などを使って高い位置の天体を見るとき。見やすくするために光路を直角に曲げる「天頂プリズム」というパーツです。

反射望遠鏡	屈折望遠鏡
80mm	40mm
100mm	50mm
120mm	60mm
140mm	70mm
150mm	80mm
200mm	100mm
300mm	150mm

望遠鏡のタイプと分解能（口径別）

どれだけ細かなものを識別できるかが分解能です。分解能は純粋に口径によって決まりますが、大気のゆらぎや鏡筒内の気流、反射鏡の熱変形などさまざまな不良要因が制限を与えます。この図は、日本の平均的なシーイングの条件で比較した口径別の見え方を示していますが、条件によって大きく変化します。経験的に比較すると、屈折望遠鏡の像は安定しており、2倍以上の口径をもつ反射望遠鏡に匹敵する分解能を示します。

●シーイング

望遠鏡の性能はレンズや反射鏡の口径で決まります。口径が大きいとそれだけ詳しいところまで識別できるのです。どれくらい詳しく見えるかを示すデータを分解能といいますが、その数値は主に口径をもとにした単純な数式で算出されます。しかし、実際にその能力が発揮されるかはさまざまな条件によって決まります。レンズや反射鏡、設計が優れているかはもちろんですが、実は天体の見え方を大きく左右するのが、地球の大気のゆらぎの状態です。私たちは大気の底に住んでいて、上空の大気は常に動いています。そのゆらぎが、まるで川底の小石を見たときのように、天体の像をゆらめかせ、ぼかします。多くの場合、月を望遠鏡で見ると輪郭がゆらゆらしており、高倍率で見るとぼやけて見えます。このような空気のゆらぎ具合を「シーイング」といいます。シーイングは見る時間帯や場所、季節によって大きく変化します。日本では上空のジェット気流などの影響が大きく、ジェット気流が北上する春〜夏で無風状態のときは比較的シーイングがよいことが多く、台風や季節風が吹くような日はかなり悪化します。シーイングの悪いときは、大口径望遠鏡よりも小さい望遠鏡のほうがはっきり見えることがあり、性能を決定づけるのは望遠鏡そのものではないことを実感します。

シーイングと見え方

月面を拡大したとき、その見え方に最も大きな影響を与えるのが望遠鏡の性能よりもむしろ大気の安定具合「シーイング」でしょう。下はアルプス谷の拡大画像ですが、左の条件のよいときは、谷の中央にある細い渓谷がわかります。渓谷の幅は角度の約1秒です。

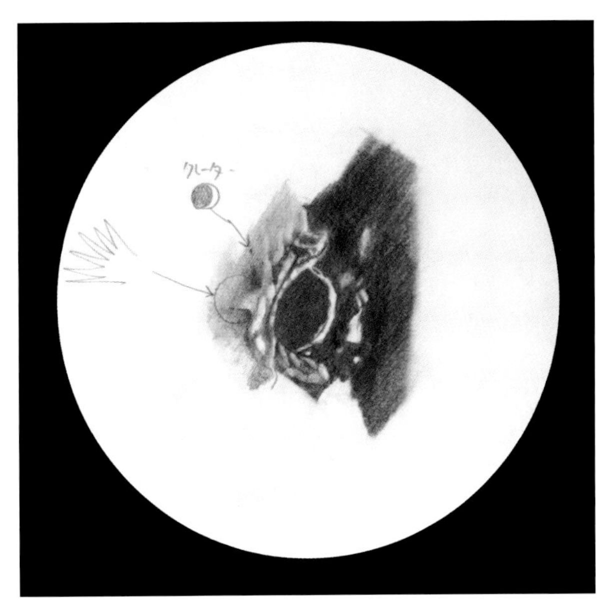

スケッチ
スケッチは紙と鉛筆があれば可能な、最も簡単で優れた記録方法です。紙はなめらかな画用紙や無地のノートが適しています。そこに10cm程度の円を描き、用紙とします。鉛筆はB～4Bの比較的柔らかいものが使いやすいでしょう。左の画像は、月齢11の月の欠け際に見えた「アリスタルコス」を描いたものです。日時や使用した望遠鏡、倍率、大気状態や気づいた点なども記しておきましょう。

簡単な撮影法
今日では、望遠鏡の接眼レンズにスマートフォンやコンパクトデジタルカメラをあてがって、簡単に月面写真を撮影することができます。モニターを見ながら撮影でき、確認もすぐできるので失敗もありません。クレーターもよく写ります。

•記録

望遠鏡で観る月を記録して残す方法は、スケッチ、写真、ビデオが考えられます。従来はスケッチ観測が基本でしたが、現在はデジタルカメラの時代になり、モニターで確認しながら撮影し、結果もすぐにわかるため、スケッチよりもはるかに手軽で確実な記録手段となりました。ただ、ゆらめく月の瞬間の情報を識別できる肉眼の能力は、熟練するとすばらしい結果をもたらす場合もあります。

写真撮影は手軽な方法から、専用のアダプターを用いて撮影する高度なテクニックまで多様です。しかし、より細かいところまで記録するという点では、ビデオ映像を撮影し、それを利用して高解像度の画像を作成するという方法が一般化しています。この方法は大気のゆらぎで揺れ動く像を解析し、ゆらぎの狭間に見えるシャープな像を検出して、それらを正確に重ね合わせて合成します。その作業はパソコン上で専用のソフトを使って自動処理されます。

いろいろなカメラ
本格的な撮影方法もさまざまです。月全体の精鋭な画像を撮るには、一眼レフデジタルカメラやミラーレスカメラが適していて、専用のカメラアダプターが用意されています。
また、拡大撮影には、毎秒30～120コマを映像としてパソコンに記録できる天体用カメラモジュール（左下から3台）が適しています。パソコン上で映像を処理し、ゆらめく映像から非常にシャープで高精細な画像を生成することができます（下の作例を参照）。

ビデオ映像の利用
月面をビデオ映像として記録し、映像の1コマ1コマを解析しながら、数百～数千コマを合成して、ゆらぎによる像の悪化を改善することができます。右の作例写真（コペルニクス）の左の画像はビデオ1コマの画像、右は映像から切り出した約1000コマの画像を合成して得られた高解像度画像です。

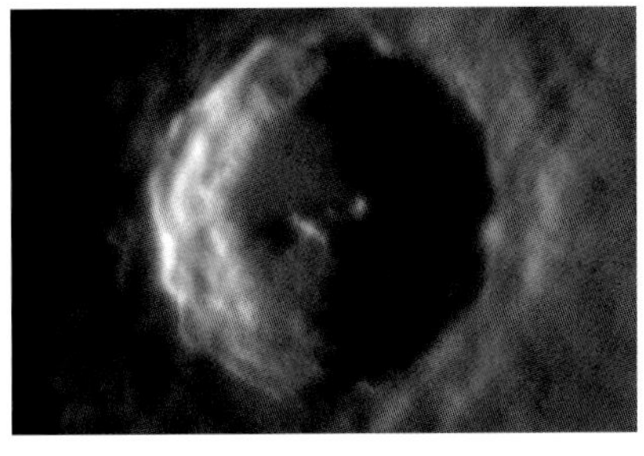
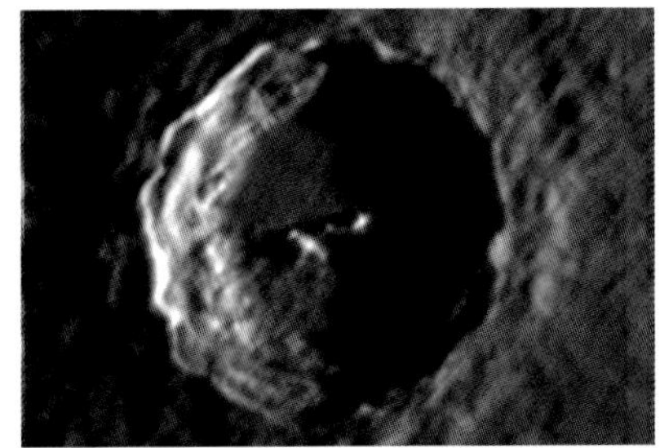

索引

【月の地名】

太数字は画像及び解説があるページです。

［あ〜お］

［か〜こ］

［さ〜そ］

[た～と]

[な～の]

[は～ほ]

[さ～そ]

[た～と]

[な～の]

[は～ほ]

[ま～も]

[や～よ]

[ら～ろ]

[わ]

［著者］
沼澤茂美 Numazawa, Shigemi
新潟県神林村の美しい星空の下で過ごし、小学校の頃から天文に興味をもつ。上京して建築設計を学び、建築設計会社を経て、プラネタリウム館で番組制作を行う。1984年、日本プラネタリウムラボラトリー(JPL）を設立する。天文イラスト・天体写真の仕事を中心に、執筆、NHKの天文科学番組の制作や海外取材、ハリウッド映画のイメージポスターを手がけるなど、広範囲に活躍している。
近著に『ハッブル宇宙望遠鏡25年の軌跡』(小学館)、『星座写真の写し方』『NGC・IC天体写真総カタログ』『星降る絶景』『HST ハッブル宇宙望遠鏡のすべて』(以上誠文堂新光社)、『宇宙の事典』『星座の事典』(以上ナツメ社)、『見てわかる・写真で楽しむ天体ショー』(成美堂出版）などがある。

脇屋奈々代 Wakiya, Nanayo
新潟県長岡市に生まれ、幼い頃から天文に興味をもつ。大学で天文学を学び、のちにプラネタリウムの職に就き、解説や番組制作に携わりながら、太陽黒点の観測を行ってきた。1985年、JPLに参入して、プラネタリウム番組シナリオ、書籍の執筆、翻訳などの仕事を中心に、NHK科学宇宙番組の監修などで活躍。
近著に『ハッブル宇宙望遠鏡25年の軌跡』(小学館)、『NGC・IC天体写真総カタログ』『ビジュアルでわかる宇宙観測図鑑』『四季の星座神話』『HST ハッブル宇宙望遠鏡のすべて』(以上誠文堂新光社)、『宇宙の事典』(ナツメ社)、『星空ウォッチング』(新星出版社)、『ずかん いろいろな星』(技術評論社）などがある。

装幀・デザイン：大崎善治（SakiSaki）
校正：佐藤久美
　　　藤本耕一
販売：奥村浩一（小学館）
　　　野田真人
編集：宗形　康

The Real Moon 月の素顔
2016年10月10日　初版第1刷発行

著　者：沼澤茂美　脇屋奈々代
発行者：山川史郎
発行所：株式会社小学館クリエイティブ
　〒101-0051 東京都千代田区神田神保町2-14 SP神保町ビル
　電話　0120-70-3761（マーケティング部）

発売元：株式会社小学館
　〒101-8001 東京都千代田区一ツ橋2-3-1
　電話　03-5281-3555（販売）
印刷・製本：図書印刷株式会社

ISBN 978-4-7780-3520-4